规模畜禽养殖粪污资源化利用技术
——以天津市为例

王鸿英　于海霞　翟中葳　编著

天津大学出版社

TIANJIN UNIVERSITY PRESS

图书在版编目(CIP)数据

规模畜禽养殖粪污资源化利用技术：以天津市为例 /
王鸿英, 于海霞, 翟中葳编著. — 天津：天津大学出版
社, 2021.01

ISBN 978-7-5618-6810-2

Ⅰ.①规… Ⅱ.①王… ②于… ③翟… Ⅲ.①畜禽—
粪便处理—废物综合利用—天津 Ⅳ.①X713.05

中国版本图书馆CIP数据核字(2020)第202497号

出版发行	天津大学出版社
地　　址	天津市卫津路92号天津大学内（邮编:300072）
电　　话	发行部:022-27403647
网　　址	www.tjupress.com.cn
印　　刷	北京盛通商印快线网络科技有限公司
经　　销	全国各地新华书店
开　　本	185mm×260mm
印　　张	14
字　　数	343千
版　　次	2021年1月第1版
印　　次	2021年1月第1次
定　　价	49.00元

编委会

前　言

当前,我国畜牧业正处于由传统养殖模式向标准化、规模化和集约化养殖模式转型的时期。与发达国家相比,我国畜牧业整体产业化程度偏低,技术体系还不完善,尤其是畜禽养殖粪污资源化利用技术一直滞后于生产发展的需要。我国每年畜禽养殖产生的粪污达38亿t,这些粪污如不能被有效处理并进入循环利用环节,将导致环境污染。畜禽粪污用则利、弃则害,其能够生产沼气、生物天然气等可再生能源,还可以加工成有机肥。可以说,畜禽粪污是"放错了地方的资源",利用好它们,对于改善农村的生产生活环境,治理农业面源污染具有非常重要的实际意义。

抓好畜禽废弃物资源化利用,关系畜禽产品有效供给,关系农村居民生产生活环境改善,为了促进我国畜禽养殖业持续健康发展,我们组织编写了本书,其主要内容包括畜禽粪污的定义及理化特性、畜禽养殖粪污资源化利用国内外情况、畜禽养殖粪污资源化利用的理论和原则、规模化畜禽粪污的收集与贮存处理技术、畜禽粪污的资源化利用技术、天津市畜禽粪污资源化利用模式及典型案例等6方面。本书系统介绍了我国现阶段不同畜禽种类常见粪污资源化利用技术,同时结合天津市畜禽粪污处理利用现状,介绍了天津市不同畜禽粪污资源化利用的典型案例,希望能够为我国畜禽粪污资源化利用技术推广奠定良好基础,对畜牧业长期健康持续发展发挥良好作用。

本书图文并茂,内容深入浅出,介绍的技术具有先进、实用的特点,可操作性强,适用于广大畜禽养殖从业人员及相关技术人员阅读,也可作为从事畜禽养殖推广工作的科技人员的参考书。

本书在编写过程中参考了大量的国内外专家、学者的研究成果和书刊等资料;也得到了各有关单位及专家的大力支持和帮助,在此一并表示衷心的感谢。

由于我们的水平有限,书中错误和疏漏之外在所难免,恳请专家及广大读者批评指正。

编者

2020年5月

目　　录

第 1 章　畜禽养殖粪污的定义及理化特性

1.1　概述

1.1.1　粪污的定义

粪污,顾名思义,指畜禽养殖过程中产生的粪便、污水等废弃物。从广义上讲,粪污包括畜禽养殖过程中产生的粪、尿、垫料、冲洗水、动物尸体、饲料残渣和臭气等;从狭义上讲,粪污则是畜禽粪、尿排泄物及其与冲洗水形成的混合物。本书中粪污取其狭义内涵,主要介绍粪尿及其冲洗水混合物的处理和利用技术。

1.1.2　粪污的形成

1. 畜禽消化生理及粪的形成

动物通过采食饲料摄入的水、蛋白质、矿物质、维生素等营养物质在动物消化道内经过物理、化学、微生物等一系列消化作用,大分子有机物质分解为简单的、在生理条件下可溶解的小分子物质,经过消化道上皮细胞吸收而进入血液或淋巴,通过循环系统运输到动物全身各处,被细胞所利用。

动物饲料中的营养物质并不能全部被动物消化、吸收和利用。动物消化饲料中营养物质的能力称为动物的消化力。动物种类不同,其消化道结构和功能亦不同。各种动物对饲料中营养物质的消化既有共同的规律,也存在不同之处。

各种动物对饲料的消化方法包括物理消化、化学消化和微生物消化。物理消化主要靠动物口腔内牙齿的切碎、研磨和消化道管壁肌肉运动把饲料撕碎、磨烂、压扁,为胃肠中的化学消化、微生物消化做好准备。化学消化又称为酶的消化,主要借助于唾液、胃液、胰液和肠液的消化酶对饲料进行消化,将饲料变成动物能吸收的营养物质。反刍与非反刍动物都存在酶的消化,酶的消化对动物具有特别重要的作用。微生物消化对反刍动物和草食单胃动物十分重要。反刍动物进行微生物消化的主要场所是瘤胃,其次是盲肠和大肠。草食单胃动物(如马、兔等)的微生物消化主要发生在盲肠和大肠,消化道微生物是这些动物能大量利用粗饲料的主要原因。

各类动物的消化各具特点。非反刍动物(主要为猪、马、兔等)的消化特点是:主要消化形式是酶的消化;饲料中的粗纤维主要靠大肠和盲肠中的微生物发酵消化,而微生物消化能力较弱。反刍动物(主要为牛、羊)的消化特点是:前胃(包括瘤胃、网胃、瓣胃)以微生物消化为主,消化主要在瘤胃内进行,饲料在瘤胃内经微生物充分发酵,其中 70%~85% 的干物质和 50% 的粗纤维在瘤胃内消化;皱胃和小肠的消化与非反刍动物相似,主要是酶的消化。禽类对饲料中养分的消化类似于非反刍动物猪,所不同的是禽类口腔中没有牙齿,靠喙采食饲料和切碎大块食物。禽类的肌胃壁肌肉坚厚,可磨碎饲料,而肌胃内的砂粒也有助于饲料的磨碎和消化。禽类的肠道较短,饲料在肠道中停留时间不长,所以酶的消化和微生物的发酵消化都比猪的弱。未消化食物残渣和尿液通过禽类的泄殖腔排出。

由于不同的消化特点,不同动物的消化力不同,对同一种饲料的消化率亦不同(表1-1);因不同饲料的可消化性不同,同一种动物对不同饲料的消化率也不同。

表 1-1　不同动物消化率的差别

动物	对有机物质的消化率 /%	对粗蛋白质的消化率 /%	对粗脂肪的消化率 /%	对粗纤维的消化率 /%	对无氮浸出物的消化率 /%
青苜蓿					
牛	65	78	46	44	74
绵羊	63	75	35	—	—
马	60	79	23	—	—
猪	66	71	0	—	—
玉米籽实					
牛	87	75	87	19	91
绵羊	94	78	87	30	99
马	94	87	81	65	97
猪	88	56	46	21	69

以单胃动物为例,它们在口腔内咀嚼和搅拌食物,通过物理作用对食物进行初步消化;此时口腔内唾液中含有的唾液淀粉酶对食物中的淀粉(通称碳水化合物)进行初步的化学消化;接着食团通过咽喉吞咽,再经过食管进入胃;食团在胃内通过胃的运动与胃黏膜腺体分泌的胃淀粉酶、胃蛋白酶进行充分混合并被消化形成食糜,然后经十二指肠到达小肠。小肠是食物消化、吸收的最重要的场所。肝脏和胰腺分泌消化液(如胆汁和胰液),各种食物消化酶通过胆总管排入十二指肠,然后在小肠内与食糜混合,消化食物中的淀粉、蛋白质和脂肪。食物被消化形成的营养物质由大面积的小肠黏膜吸收,以满足动物身体日常的能量需求。当食物中的大部分营养在小肠内被吸收后,剩余的食糜进入结肠,经大肠内的细菌分解发酵,合成的维生素 K 和 B 族维生素被肠黏膜吸收,同时水和一些无机盐也被吸收。留下的食物残渣(如未被消化的食物纤维等)、夹杂的大量细菌和代谢产物就形成粪便,其中细菌约占粪便固体总量的 25%。随着肠壁的蠕动,粪便被缓慢推入直肠,最后由肛门排出体外。由于胆汁中的胆红素在回肠末端和结肠经细菌作用形成粪胆素,而粪胆素是棕黄色的,所以正常的粪便一般呈棕黄色。

2. 尿的形成

水是一种重要的营养成分。动物体内的水分布在全身各组织器官及体液中,其中细胞内液约占动物体液的 2/3，细胞外液约占动物体液的 1/3。细胞内液和细胞外液的水不断进行交换，维持体液的动态平衡。不同动物体内水的周转代谢速度不同，科研人员用同位素"氚"测得牛体内一半的水每 3.5 d 更新一次。非反刍动物因胃肠道中含有较少的水分，周转代谢较快。各种动物体内水的周转代谢受环境因素（如温度、湿度）及采食饲料的影响。采食盐类过多，导致动物饮水量增加，也会加快水的周转代谢。

尿液是动物排泄水分的重要途径，通常随尿液排出的水占动物总排水量的一半左右。消化系统吸收的水分、矿物质、消化产物等通过循环系统运输到全身各处，细胞产生的代谢废物（主要有水分、尿素、无机盐等）通过泌尿系统形成尿液，排出体外。尿的生成是在肾单位中完成的，这个过程包括肾小球和肾小囊内壁的过滤、肾小管的重吸收和排泄分泌等过程。这个过程是持续不断的，而排尿是间断的。血液流经肾小球时，除大分子蛋白质和血细胞外，血液中的尿酸、尿素、水、无机盐和葡萄糖等物质通过肾小球和肾小囊内壁的过滤作用，过滤到肾小囊腔中，形成原尿。当原尿流经肾小管时，其中对动物体有用的全部葡萄糖、大部分水和部分无机盐被肾小管重新吸收，回到肾小管周围毛细血管的血液里。原尿经过肾小管的重吸收作用，剩下的水、无机盐、尿素和尿酸等就形成了尿液。间断性排尿是由膀胱的机能完成的。尿液由肾脏生成后经输尿管流入膀胱，在膀胱中贮存。膀胱是一个囊状结构，位于盆腔内。当尿液贮积到一定量之后，动物就会产生尿意，在神经系统的支配下，尿液由尿道排出体外。

尿液中的物质一部分是营养物质的代谢产物，另一部分是衰老的细胞被破坏形成的产物。此外，尿液中还包括一些随食物摄入的多余物质，如多余的水和无机盐类。肾脏排尿量受脑垂体后叶分泌的抗利尿激素控制。动物失水过多，血浆渗透压上升，刺激下丘脑渗透压感受器，反射性地影响加压素的分泌。加压素促进水分在肾小管内的重吸收，尿液浓缩，尿量减少。相反，动物在大量饮水后，血浆渗透压下降，加压素分泌减少，水分重吸收减弱，尿量增加。此外，醛固酮激素在促进钠离子重吸收的同时增加对水的重吸收，而醛固酮激素的分泌主要受肾素－血管紧张素－醛固酮系统及血钾离子浓液、血钠离子浓度的调节。动物摄入水量增多，尿液的排出量则增加。动物的最低排尿量取决于必须排出的溶质的量及肾脏浓缩尿液的能力。不同动物由尿液排出的水分不同。禽类排出的尿液较浓，水分较少，大多数哺乳动物尿液中的水分较多。不同动物尿液中其他物质的浓度不同，如牛的约为 1.3 mol/L，兔的约为 1.9 mol/L，绵羊的约为 3.2 mol/L。肾脏对水的排泄有很大的调节能力，一般饮水量越少，环境温度越高，动物的活动量越大，由尿排出的水量就越少。

3. 冲洗水

冲洗水是畜禽养殖过程中清洁地面粪便和尿液而使用的水，冲洗水与被冲洗的粪便和尿液形成混合物进入粪污处理系统。冲洗水的使用量与畜禽粪污的清理方式有关，目前主要的清理方式有干清粪、水冲粪和水泡粪。

干清粪是采用人工或机械方式从畜禽舍地面收集全部或大部分的固体粪便和地面残余

粪尿,用少量水冲洗,冲洗水量较少。

水冲粪是从粪沟一端用高压喷头放水冲洗粪沟中的粪尿。水冲清粪可保持猪舍内的环境清洁,劳动强度小,但耗水量大,且污染物浓度高。一个万头猪场每天耗水量为 200~250 m³,粪污化学需氧量(COD)为 15 000~25 000 mg/L,固体悬浮物(SS)为 17 000~20 000 mg/L。

水泡粪主要用于生猪养殖,是在猪舍内的排粪沟中注入一定量的水,将粪尿、冲洗水和饲养管理用水一并排入漏缝地板下的粪沟中,贮存一定时间后,打开出口的闸门,将沟中粪水排出。水泡粪比水冲粪工艺节省用水,但是由于粪污长时间在猪舍中停留,发生厌氧发酵,产生大量的有害气体,如 H_2S(硫化氢)、CH_4(甲烷)等,使舍内空气环境恶化,危及动物和饲养人员的健康,而且粪污中有机物的浓度更高,后处理也更加困难。

1.1.3　粪污的形态

牧场粪污主要来源于养殖过程中畜禽产生的粪便、尿液、养殖舍冲洗水等。粪污存在的主要形态有固体、液体、气体 3 种,分别为固体粪便、液体废水和有害气体。

1. 固体形态

粪污的固体形态主要为畜禽粪便。粪便是畜禽采食饲料后经过一系列消化代谢过程最终排出的废弃物。粪便有不同的形态,如健康奶牛的粪便看起来成堆,有 3~6 个叠圈,堆高 3~4 cm,中央有 1 个浅窝。当畜禽受到外界环境影响,其粪便的固体物含量或水分含量发生变化时,粪便可能从一种形态转变成另一种形态。影响粪便形态的因素还有动物品种以及饲喂日粮、垫草的类型和数量等。粪便的形态随粪便中的固体物和水分含量发生改变。当固体物含量大于 20% 时粪便为固体,固体物含量为 10%~20% 时粪便为半固体,固体物含量为 5%~10% 时粪便为粪浆,固体物含量小于 5% 时粪便为液体。不同畜禽品种对应的粪尿的水分、二氧化碳含量及 pH 值详见表 1-2。由于畜禽种类不同,其生理代谢过程不同,所排泄粪便的干湿程度和尿液的多少也有所差别,因而排泄的粪污的状态也不相同。粪便的相邻形态之间,如粪浆和半固体之间并不一定有明显的分界线。牛的粪便形状见图 1-1。

表 1-2　不同畜禽品种对应的粪尿的水分、二氧化碳含量及 pH 值

种类	水分含量 /%	二氧化碳含量 /%	pH 值
牛粪	80.1	0.33	7.8
牛尿	99.3	0.02	9.4
猪粪	69.4	1.35	6.6
猪尿	98.0	0.24	7.6
蛋鸡粪	63.7	5.87	7.9
肉鸡粪	40.4	0.95	—

图 1-1　牛的粪便形状

2. 液体形态

畜禽养殖废水主要由畜禽尿液、冲洗水（主要有圈舍冲粪水、饮槽冲洗水、地面冲洗水）和工人生产生活过程中产生的少量废水组成。废水的产生量和水质因养殖种类、畜禽品种、生长期以及饲料、生产方式和管理水平等因素的不同而存在较大差异。对于养殖种类、畜禽品种和规模相似的养殖场来说，不同的清粪方式对废水的产量和水质有很大影响。在干清粪、水泡粪、水冲粪这 3 种清粪方式中，采用干清粪方式的养殖场的废水产生量最少，水中污染物的浓度最低。

3. 气体形态

新鲜排泄的粪便含有很多有害的气体，如氨气、硫化氢、胺等。氨气是降雨酸化的重要贡献者。如果畜禽粪便未能得到及时处理，那么在微生物的作用下，粪便中的有机物将会分解为许多小分子挥发性有机物，如甲基硫醇、胺化物、低级脂肪酸以及杂环化合物等，这些有机物大部分具有强烈的刺激性气味，甚至夹杂着携有致病微生物的细小粒子，对人畜的健康产生极大影响。这些物质会使人感到精神疲惫、头昏烦躁，直接影响人的呼吸系统以及神经系统，还会使畜禽的抵抗力及采食量下降。因而，近年来畜禽养殖业对空气的污染越来越受到人们的重视。

1.1.4　粪便的构成

粪便主要是饲料未被畜禽吸收而产生的残渣部分，从消化道通过大肠，以固体、半流体或流体形式从肛门排出体外。畜禽粪便含有大量的氮、磷等营养物质，是保证我国农业可持续发展的重要宝贵资源。

如图 1-2 所示，粪便主要由饲料残渣、新陈代谢产物和微生物 3 部分构成，其比例各约占 1/3。新陈代谢产物主要包括畜禽消化腺体分泌的黏液、胃肠道黏膜脱落的上皮细胞、肝代谢产生的胆色素等代谢后的废物和由血液通过肠道排出的某些金属离子（如 Ca^{2+}、Fe^{2+}、Mg^{2+}、Hg^+ 等）。此外，粪便中还有某些酶、激素和维生素。粪便中的微生物大部分已死亡。

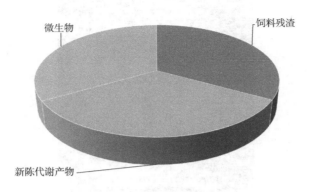

图 1-2　粪便构成示意

1.1.5　粪便的特性

1. 资源性

（1）肥料资源

畜禽粪便制成肥料回用于农田和绿地，可以改良土壤，提高其有机质含量，增强肥效，促进农作物增产，已有许多企业开展了畜禽粪便肥料化生产。与许多工业污染源不同，畜禽粪尿含有丰富的肥料资源。农民自古以来就有用畜禽粪便做农家肥的传统，畜禽粪便除含有丰富的有机物质外，还含有作物所需的大量元素，如氮、磷、钾等。畜禽粪尿养分含量见表 1-3。畜禽粪便施用到农田后，对于提高土壤肥力，改善土壤结构，增强土壤持续生产能力具有重要的作用。因此，畜禽粪便是一种宝贵的饲料和肥料资源，通过加工处理可制成饲料和有机复合肥料，不仅能变废为宝，还能防止环境污染和疾病蔓延，具有较高的社会效益和一定的经济效益。

表 1-3　畜禽粪尿养分含量

种类	水分含量 /%	N 含量 /%	P_2O_5 含量 /%	K_2O 含量 /%	CO_2 含量 /%	MgO 含量 /%	TC 含量 /%	pH
牛粪	80.1	0.42	0.34	0.34	0.33	0.16	9.10	7.8
牛尿	99.3	0.56	0.01	0.87	0.02	0.02	0.25	9.4
猪粪	69.4	1.09	1.76	0.43	1.35	0.50	1.30	6.6
猪尿	98.0	0.48	0.07	0.16	0.24	0.04	—	7.6
蛋鸡粪	63.7	1.76	2.75	1.39	5.87	0.73	14.5	7.9
肉鸡粪	40.4	2.38	2.65	1.76	0.95	0.46	—	—

注：TC 为总有机质。

我国农村用畜禽粪便制作农家肥一般采取填土、垫圈或堆肥的加工处理方式。随着人们环保意识的增强和粪污处理技术的进步,目前已出现好氧发酵、接种生物菌剂等制作有机肥的方式。但由于经过发酵处理后的有机肥的市场价格高,国家对生物有机肥的生产和利用引导不足,缺乏相应的支持政策,人们生产、使用有机肥的积极性不高。然而,伴随着养殖业规模化的发展、集约化水平的提高以及化学肥料的广泛应用,畜禽粪便回用农田这一传统的还田利用模式逐渐消失。这不仅造成了越来越突出的环境污染问题,而且大量施用化肥使得土壤有机质含量降低,土壤结构遭到破坏,生产成本逐年提高,农产品质量安全问题日益突显。

（2）饲料资源

畜禽粪便除了能作为肥料施用,还是一种饲料资源。现今畜禽养殖业已进入现代化的发展阶段,养殖规模化、集约化、机械化和产业化的程度越来越高。规模较大的畜禽养殖场均采用机械化作业,生产高度集中,在饲养上应用全价饲料饲喂畜禽。通过观察与试验得知,饲料中的许多营养物质未被消化吸收就被畜禽排泄到体外,所以粪便中含有大量未被消化的蛋白质、维生素 B、矿物质、粗脂肪和一定量的糖类物质;粪便中的营养价值因畜禽种类、日粮成分和饲养管理条件等因素的不同而不同。例如,新鲜牛粪中蛋白质的含量(质量分数)为 1.7%~2.3%、猪粪中的为 3.5%~4.1%、鸡粪中的为 11.2%~15.0%,由此可以看出,在几种畜禽粪便中鸡粪的营养价值最高,猪粪次之。畜禽干粪中的营养物质含量见表 1-4。

表 1-4　畜禽干粪中的营养物质含量(占干物质百分比)

种类	粗蛋白含量/%	粗脂肪含量/%	粗纤维含量/%	灰分含量/%	无氮浸出物含量/%	钙含量/%	磷含量/%
牛干粪	12.21	0.87	21.01	11.75	34.55	0.99	0.55
猪干粪	16.99	8.24	20.69	16.87	37.21	—	—
鸡干粪	27.75	2.35	13.06	22.45	30.76	7.8	2.204

畜禽粪便的饲料化利用开辟了粪污资源化利用的一条新途径,既解决了粪便对环境的污染问题,又能提高饲料中的营养成分利用率,解决蛋白质饲料资源的短缺问题。充分利用畜禽粪便再生饲料是养殖场降低养殖成本、提高经济效益的重要措施之一。但应该注意的是,用畜禽的新鲜粪便直接饲喂家畜存在一定的风险,因为粪便中含有一些寄生虫卵、有毒物质、致病菌,会对人和畜禽造成严重危害,必须进行处理后方可作为饲料使用。牛粪基质化是利用牛粪中的蛋白质和氨基酸等营养物质及微量元素为食用菌类、蚯蚓和其他微生物提供生长所需的营养,国内对此开展了大量研究工作。用牛粪养殖蚯蚓、在牛粪上种植食用菌见图 1-3 和图 1-4。

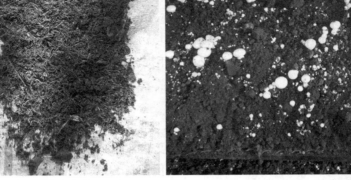

图 1-3　用牛粪养殖蚯蚓　　　　　　图 1-4　用牛粪培育食用菌

（3）燃料资源

畜禽粪便中含有丰富的纤维素资源,具备作为能源材料的基础。畜禽粪便能源化利用的主要方式有发酵产沼气、产乙醇和直燃利用 3 种。

沼气化是目前研究最广泛的牛粪资源化方式之一,发酵工艺已经成熟,很多规模化奶牛场都建立了大型或特大型的沼气池。将畜禽粪便同秸秆等农业废弃物一起进行厌氧发酵产生沼气,不仅可使畜禽粪便中的能量转化成可燃气体,还可避免粪尿的肥水损失。畜禽养殖场制作的沼气可给场内畜禽保暖或给周边居民供暖,而沼液和沼渣可用于农田和果园,提高农作物的产量,从而形成一种"畜禽养殖—沼气—果蔬粮"的绿色生态农业模式。沼气化体现了物质与能量多层次循环利用技术,实现了畜禽养殖业无废物、无污染生产,具有明显的经济、社会和环境效益。如果以每只鸡日排粪便中含总固体 22.5 g 计,其可产沼气 8.7 L。一个 10 万只规模的养鸡场,收集鸡粪进行厌氧发酵,每年产生的沼气相当于 232 t 标准燃煤。每头猪日排粪便可产沼气 150~200 L,每头牛日排粪便可产沼气 700~1 200 L。

牛粪中的纤维素经过预处理转化为糖,进一步发酵成酒精,这是发酵生产液体燃料的重要途径。牛粪的乙醇化利用可替代粮食生产酒精,进而创造巨大的经济效益,但是目前还处于实验室研究阶段。

牛粪可以通过制备成型燃料再利用的方式来提高附加值,其热值与褐煤相当。从能流分析可知,牛粪的资源化利用属于行业减排措施,灰渣可以做钾肥,具有较好的利用前景。与传统的沼气发酵相比,牛粪压制成型燃料固定资产投资低,生产周期短,转化率高,收益高,能够有效带动行业积极性。2013 年天津市政府发布了《天津市清新空气行动方案》,为畜禽粪便的燃料化利用提供了政策保障。该方案规定 2017 年底前,天津市环城四区及滨海新区全部 10 蒸吨及以下的燃煤工业锅炉完成改燃或并网。考虑燃料供应和使用成本,在天然气资源不足的区域,燃煤锅炉改生物质锅炉为最佳选择,这为生物质燃料的应用提供了广阔的市场空间。奶牛粪渣有转化成型燃料的原料基础,与秸秆和木材相比,其具有来源稳定、产量大、运输成本低、粒径适宜且无须破碎、生产能耗低等技术特点,将成为生物质燃料制备行业的新秀。成型燃料的燃烧效率是散烧原料的 2 倍以上,可以大大降低由燃烧不充分引起的污染物排放。该成型燃料可以在小型工业锅炉和农村取暖炉上使用,同时养殖场也可以在自己的场区取暖时使用。目前秸秆和锯末成型燃料的市场销售价格为650~900 元/吨,牛粪成分与秸秆相似,制备成型燃料后可产生巨大的经济效益。用牛粪制作的生物质燃料、用牛粪生产沼气的设备见图 1-5 和图 1-6。

图 1-5　用牛粪制作的生物质燃料

图 1-6　用牛粪生产沼气的设备

2. 污染性

畜禽养殖污染负荷大,如饲养 1 只鸡每年所产生的污染负荷按 BOD_5（五日生化需氧量）计算,其人口当量为 0.5~0.7 人;饲养一头猪每年所产生的污染负荷按 BOD_5 计算,其人口当量为 10~13 人;饲养一头牛每年所产生的污染负荷按 BOD_5 计算,其人口当量为 30~35人。一个万头猪场的污染负荷几乎相当于一个 10 万~13 万人口城镇的污染负荷。据相关学者估算,我国每年猪、牛、家禽所产生的粪尿和废水的污染负荷的人口当量为全国总人口的 5~6 倍。尤其是经历 20 世纪末至 21 世纪初的畜牧业全面发展阶段后,以畜禽养殖业为主的农业生产氮排放量占各种生产氮排放总量的 50% 以上。

我国第一次全国污染源普查数据显示,2007 年规模化畜禽养殖场的畜禽粪便产生量为2.43 亿 t,尿液产生量为 1.63 亿 t,COD 排放量为 1 268.26 万 t,占农业源排放总量的 96%,占全国 COD 排放总量的 42%,已成为影响中国水环境安全的首要因素,严重影响村镇人居环境和人体健康。

畜禽粪便成为面源污染主要通过以下几种途径:畜禽粪便作为肥料施用后,粪便中的氮、磷从耕地中流失;由于畜禽粪便贮存不恰当,氮、磷养分渗漏;粪便不恰当的贮存和田间运用,使养分中的氨散发到大气中;乡村地区没有完备的废水处理设施,污染物直接排入农田。

3. 复杂性

畜禽养殖污染物的污染成分极为复杂,主要以有机污染为主,包括化学需氧量、氨氮、总氮、总磷等易引起水体富营养化的物质,氨气、硫化氢、二甲基硫醚等恶臭气体,铁、锌、锰、钴、碘等矿物元素,铜、砷、汞等重金属及类重金属物质,抗菌药物、激素等兽药残留物,大肠杆菌、禽流感病菌、五号病病菌、布氏杆菌、结核病病菌等人畜共患传染病病菌,此外还包括畜禽尸体、死胚、蛋壳等固体废弃物。

有研究表明,畜禽养殖场应用的清粪方式不同、畜禽种类不同,所产生的污染物浓度、含量有所不同。不同清粪方式下畜禽养殖场的主要污染物浓度见表1-5,畜禽粪尿中污染物含量详见表1-6。

表 1-5　不同清粪方式下畜禽养殖场的主要污染物浓度　　　　　　　　单位:mg/L

畜种	清粪方式	COD_{cr}	NH_3-N 含量	总氮含量	总磷含量
奶牛	干清粪	900~1 100	40~65	60~80	15~21
生猪	水冲粪	10 000~50 000	120~1 800	1 400~2 000	30~300
	干清粪	2 500~2 800	140~1 900	140~1 900	32~290
家禽	水冲粪	2 500~10 000	70~600	95~750	13~60

表 1-6　畜禽粪尿中污染物含量　　　　　　　　单位:kg/t

项目	COD_{cr}	BOD_5	NH_3-N 含量	总氮含量	总磷含量
牛粪	31.0	24.53	1.71	4.37	1.18
牛尿	6.0	4.0	3.47	8.0	0.40
猪粪	52.0	57.03	3.08	5.88	3.41
猪尿	9.0	5.0	1.43	3.3	0.52
羊粪	4.63	4.10	0.80	7.5	2.60
羊尿	4.63	4.10	0.80	14.0	1.96
鸡粪	45	47.87	4.78	9.84	5.37

综上,粪污具有的资源性、污染性和复杂性这 3 种特性,使得畜禽环境污染问题治理的难度增加,但也为粪污的资源化利用提供了更广阔的空间。如果能够提高粪污的综合利用率,使粪污得到有效处置和合理利用,畜禽粪尿也可以成为一种生物质资源。为此,进一步了解和掌握粪污产生的原因、形态、特性,科学合理地对“放错了地方的资源”进行处置和利用,将畜禽粪污变成宝贵的资源,是加快畜牧产业转型升级的契机,也是畜牧业未来发展的迫切需要。

1.2　生猪养殖粪污理化特性

1.2.1　猪粪的成分及构成

猪粪中含水率为 82%,有机质含量约为 16.0%,氮素含量约为 0.60%,磷含量约为 0.50%,钾含量约为 0.4%。猪类养分含量较高且均衡,性柔,肥效劲大而长,为“暖性肥”。

猪粪含氮素较多,碳氮比较小(14∶1),一般容易被微生物分解,释放出可被作物吸收利用的养分。猪粪的质地较细,成分较复杂,含蛋白质、脂肪类、有机酸、纤维素、半纤维素以及无机盐,腐熟后施入冷凉的土壤及沙质土、黏质田中可改良土壤。

1.2.2　猪粪的理化性状

根据原国家环境保护总局(环发〔2004〕43号文件)提供的系数,规模化养殖模式下,按199 d的饲养周期计算,每头猪的粪便排放量约为2 kg/d,一个周期合计约398 kg,粪便密度约为990 kg/m³。正常成年猪日产新鲜粪便84 kg/动物单位(每1 000 kg体重为1个动物单位)。有研究表明,每头猪每天产的粪便量与自身质量之比为5%~9%,按污染负荷折算,1头猪的产污量相当于1个人的产污量。1个万头规模的养猪场年排污量可达3.5万~5万t(杨慧娟等,2011)。猪对日粮中营养物的不完全吸收以及猪体内大肠杆菌的排放,使得猪粪带有恶臭,同时产生氨气、硫化氢等有害气体。猪粪中存在各种致病菌和虫卵,如不及时清除会造成蚊蝇滋生,增加疾病的传染源。

新鲜猪粪中粒度大于0.45 mm的颗粒约占总量的83%,其中粒度为0.9 mm的颗粒占52%,粒度小于或等于0.45 mm的颗粒约占17%,粒度为0.2 mm的颗粒占15%左右。陈猪粪中粒度大于0.45 mm的颗粒约占71%。小于或等于0.45 mm的颗粒占29%左右,其中粒度为0.28 mm的颗粒约占43%。由此可见,新鲜猪粪的细颗粒比陈猪粪要少,这与发酵后颗粒细化有关。根据粒度分布状况,猪粪处理选用的网眼应取0.3~0.5 mm之间,处理新鲜猪粪的网眼可大一些,实际生产中,筛网尺寸选用与筛上物要求的含水率及生产率等因素有关。

正常情况下,猪粪便的颜色会随着饲料组成的变化而变化。有几类饲料对猪粪便颜色的影响显著。一是青绿饲料,如草粉、胡萝卜、打浆牧草等,猪食用后排泄的粪便呈深褐黄色,比较松散;二是血粉、血球蛋白或高铁饲料,猪食用后排泄的粪便呈褐黑色,其深浅程度与饲料中血粉或铁的含量有关;三是高铜饲料,即饲料中加入200 mg/kg以上的硫酸铜,猪食用后排泄的粪便呈纯黑色,比较致密;四是加腐殖酸钠等添加剂的饲料,猪食用后排泄的粪便也呈黑色,但较饲喂高铜饲粮的猪的粪便颜色要浅。

猪粪中有机质含量为15%,总养分含量不高,氮含量为0.5%~0.6%,磷含量为0.45%~0.5%,钾含量为0.35%~0.45%。其中养分氮含量约为2.28 mg/kg,五氧化二磷含量约为3.97 mg/kg,氧化钾含量约为2.09 mg/kg,锌含量约为663.3 mg/kg,铜含量约为488.1 mg/kg。郭建凤等对规模化猪场不同季节保育猪、育肥猪及繁殖母猪的粪便特性进行分析发现,在饲料均参照中国猪饲养标准按不同阶段、不同类型各自设计配制的情况下,季节对保育猪粪便中的有机质含量、全氮含量、全磷、铜、锌含量影响显著,对育肥猪和繁育母猪粪便中的含水率、有机质、全氮、全磷、铜、锌含量影响显著。春季,保育猪、育肥猪和繁殖母猪粪便中除全磷和锌含量差异不显著外,含水率、有机质、全氮、铜含量差异显著;夏季,保育猪、育肥猪和繁殖母猪粪便中全氮、全磷、铜、锌含量差异显著,含水率、有机质含量差异不显著;秋季,3个阶段猪只粪便中全氮、全磷和铜含量差异显著,含水率、有机质含量、锌含量差异不显著；冬季，3 个阶段猪只粪便中含水率和全氮、全磷、铜、锌含量差异显著，有机质含量差异不显著。猪粪中氮、磷养分含量高，肥效快，氨化细菌多，易分解，利于形成腐殖质，改良土壤效果明显。鲜猪粪含水量在 70%~85% 之间，粒度比较细，呈团块或极黏稠浆状，结构紧密，通气性极差，因处于厌氧状态，产生恶臭气体（沈雪民等，1993）。猪的粪尿排泄量见表 1-7，猪粪的组成见表 1-8。

表 1-7　猪的粪尿排泄量（估值）

畜别	饲养期 /d	每头日排泄量 /kg		
		粪量	尿量	合计
种公猪	365	2.0~3.0	4.0~7.0	6.0~10.0
哺乳母猪	365	2.5~4.2	4.0~7.0	6.5~11.2
后备母猪	180	2.1~2.8	3.0~6.0	5.1~8.8
出栏猪（中）	90	1.3	2.0	3.3
出栏猪（大）	88	2.17	3.5	5.67

表 1-8　猪粪的组成

成分	含量 /%	化学成分	含量
水	81.5	有机质	24.16%
有机质	15.0	全氮	2.65%
氮（N）	0.60	全磷	0.68%
磷（以 P_2O_5 形式存在）	0.40	全钾	1.99%
钾（以 K_2O 形式存在）	0.44	蛋白质	2.22%
		碱解氮	458.7 mg/100 g
		铵态氮	426.6 mg/100 g

1.2.3　猪尿的理化性状

猪的尿液是由肾脏生成的，经输尿管、膀胱而排出体外的含有大量代谢终产物的液体。正常猪尿的颜色无色或略呈淡黄色，微碱性，无异物、异味。根据原国家环境保护总局（环发〔2004〕43 号文件）提供的系数，按饲养周期 199 d 计算，每头猪的尿液排放量为 3.3 kg/d，合计 656.7 kg/a。按猪生产全程统计，母猪粪尿中排出的总氮量为饲料氮含量的 73%~76%，总磷量占饲料总磷量的 75%~80%；育肥猪粪尿中氮排出量占饲料氮摄入量的 65.9%~66.89%，磷排出量占饲料摄入量的 62.59%~66.8%。

猪排出尿液的颜色、味道以及猪的排尿姿势等在一定程度上反映了猪的机体变化状况，如新鲜的尿是没有颜色的，若出现尿白或是放置一段时间以后变红，则是典型的尿钙。若排出的尿液呈白色且混浊,放置于杯中静置后,杯底不出现沉淀物,则多为猪出现了菌尿现象。饲料中蛋白质含量过高,钙磷比例失调,尤其是长期饲喂低磷饲料或青饲料,会引起钙异位沉着,导致尿酸盐沉积,造成蛋白尿,形成尿白。因霉变饲料引起猪只霉菌毒素中毒,会造成尿液颜色加深,呈茶褐色,甚至出现血红蛋白尿。猪粪便及尿液的主要污染物指标值见表 1-9。

表 1-9 猪粪便及尿液的主要污染物指标值

理化指标	pH	TS /(g/L)	VS /(g/L)	VS/TS /%	BOD /(mg/L)	COD /(mg/L)	SS /(mg/L)	NH_3-N /(mg/L)	TN /(g/L)	P_2O_5 /(g/L)	K_2O /(g/L)
粪便	6.50	303.4	261.9	86.3	59 785	209 152	134 640	1 120	30.7	115.8	23.9
尿液	7.30	21.3	11.0	51.9	5 093	17 824	2 100	4 768	6.40	—	—

注:TS—总固体;VS—挥发性固体;BOD—生化需氧量;COD—化学需氧量;SS—悬浮物;TN—总氮量。

1.3 奶牛养殖粪污理化特性

1.3.1 牛粪的成分及构成

牛粪是一种可用作土壤肥料的有价值的资源。牛粪的有机质和养分含量在各种家畜中最低,其质地细密,含水较多,分解慢,发热量低,属迟效性肥料。另外,牛粪为冷性有机肥,分解速度慢于鸡粪、猪粪,因此其肥效比鸡粪、猪粪慢得多。为提高牛粪质量,可将鲜牛粪稍加晒干,再加入马粪混合堆积,最好加入磷矿粉,可获优质的有机肥。

奶牛新鲜粪便中,水分占 83.2%~86.36%,有机物占 8.44%~10.62%,其 pH 值为 7.8~ 8.4;干物质中粗蛋白质占 11.3%~22.4%,粗纤维占 12.1%~32.1%,粗脂肪占 1.9%~7.3%,粗灰分占 11.6%~23.1%,无氮浸出物占 35.2%~54.4%。正常粪便几乎没有谷物颗粒或长于 0.64 cm 的纤维。

1.3.2 牛粪的理化性状

根据原国家环境保护总局(环发〔2004〕43 号文件)提供的系数,按饲养周期 365 d 计算,每头牛的粪便排放量为 20 kg/d,合计 7 300 kg/a。奶牛体形大,采食量高,产污量大,个体粪便的排放量在家畜中占据榜首。根据《第一次全国污染源普查畜禽养殖业源产排污系数手册》的数据,规模化奶牛场中每头产奶母牛(质量为 540~686 kg)的粪便日排放量为 19.3~33.5 kg,平均为 26.4 kg/d;每头育成牛(质量为 312~378 kg)的粪便排放量为 10.5~16.6 kg,平均为 13.6 kg/d。奶牛粪便的日排泄量与奶牛的品种、年龄、体重、生理状态、饲养地区、季节、饲料组成和饲喂方式等均有关。奶牛的产排污系数有一定的波动性,但总体上来讲该系数的波动范围不会太大,目前我国尚没有国家权威部门发布的整套奶牛场粪污产排系数,该方面相关的研究引用的系数出处也各不相同。

牛是反刍动物,消化能力强,对饲料咀嚼较细,食物在胃中经过反复消化,因而牛粪质地细密,具有一定的形状和硬度,软而不稀,硬而不坚,无异臭。从养分含量来看,牛粪中大部分矿物质元素和营养物质的含量均较其他畜禽粪便低,尤其是氮素含量,因为氮素含量少,碳氮比范围较宽,所以分解缓慢。牛粪便中的有机质含量与鸡相近,只有粗纤维、粗灰分以及无氮浸出物含量较高。由于牛粪产量高,总量大,因此矿物质元素和营养物质总量较多。牛粪中全磷、钾、钙、镁矿物质元素的干物质含量分别为 0.78%、0.98%、1.84%、0.46%,有机质、全氮、粗蛋白质、粗脂肪、粗纤维、粗灰分、无氮浸出物的干物质含量分别为 66.2%、1.7%、12.9%、1.3%、32.5%、25.5%、36.2%。

1.3.3 牛尿的理化性状

正常牛尿呈淡黄色,气味苦、辛,微温,无毒。在柬埔寨、印度等国家,牛尿可当药用,主治水肿、腹胀、脚满、利不便。病牛尿液的性质通常发生一定的变化。检查奶牛尿液的物理性状(尿量、颜色、透明度、黏稠度、气味、密度等)、化学性质(酸碱性质、蛋白质、蛋白胨、葡萄糖、血液及血红蛋白、胆色素、尿蓝母)及尿沉渣(红细胞、白细胞、脓细胞、上皮细胞、管型及无机物等),对诊断奶牛肾脏疾病具有十分重要的意义。

根据《第一次全国污染源普查畜禽养殖业源产排污系数手册》中的数据,规模化奶牛场每头产奶母牛(质量为 540~686 kg)的尿液产生量为 12.3~17.9 kg,平均为 15.1 kg/d;每头育成牛(质量为 312~378 kg)的尿液产生量为 6.5~11.1 kg,平均为 8.8 kg/d。牛粪尿排泄系数见表 1-10。

表 1-10　牛粪尿排泄系数

动物名称	日排放量 /(kg/d)	粪含水率 /%	干物质含量 /%	日排放量 /[千克/(头·日)]	尿含水率 /%	干物质含量 /%
奶牛	30.00	80	20	11.10	99.4	0.6
肉牛	24.44	82	18	10.55	99.4	0.6
役用牛	24.44	82	18	10.55	99.4	0.6

奶牛日粮中氮含量的 25%~35% 存留于奶中,其余 65%~75% 通过粪尿排出。奶牛养殖污水排放量大且污染物含量严重超标。奶牛场对水体的污染主要是奶牛粪尿、牛场冲洗及挤奶厅冲洗等所产生的污水。牛粪尿中污染物平均含量见表 1-11。奶牛养殖污水中含有大量的有机质和氮、磷、钾等养分,污水的生化指标极高。刘培芳等(2002)的研究表明,城市郊区畜禽粪便的流失率为 30%~40%,其中粪、尿水体流失率分别为:BOD,6.16%、50%;COD,4.87%、50%;NH_3-N,2.22%、50%;TP,5.5%、50%;TN,5.68%、50%。

表 1-11　牛粪尿中污染物平均含量　　　　　　　　　　　　　　单位:kg/t

项目	BOD	COD	NH_3-N	TN	TP
粪	24.53	31.0	1.71	4.37	1.18
尿	4.0	6.0	3.47	8.0	0.40

1.4　家禽养殖粪污理化特性

1.4.1　鸡粪的成分及构成

　　鸡粪中含有丰富的营养成分,通过适当地加工利用可以成为非常好的绿色有机肥或者鸡粪饲料。鸡粪中含有粗蛋白 18.7%、脂肪 2.5%、灰分 13%、碳水化合物 11%、纤维 7%、氮 2.34%、磷 2.32%、钾 0.83%。鸡粪作为农家肥比猪粪、牛粪等有更高的肥效。由于含有大量的有机物,鸡粪还可用来生产沼气,产生能量而被利用。

1.4.2　家禽粪尿的理化特征

　　以鸡、鸭为代表的家禽,正常情况下的粪便像海螺一样,下面大上面小,呈螺旋状,多表现为棕褐色,上面有一点白色(尿酸盐的颜色)。家禽有发达的盲肠,早晨排出稀软糊状的棕色粪便;刚出壳的小鸡尚未采食,排出的胎便为白色或深绿色稀薄的液体。因家禽粪道和尿道与泄殖腔相连,粪尿同时排出。家禽无汗腺,体表覆盖大量羽毛,因此室温偏高时,家禽的粪便会变得比较稀,特别是夏季常出现水样腹泻;温度偏低时,粪便则变稠。饲料原料对家禽粪便的影响较大。若饲料中加入杂饼杂粕(如菜籽粕)、发酵抗生素与药渣,粪便则发黑;若饲料中加入白玉米和小麦,粪便颜色则变浅变淡。

　　家禽的泌尿器官主要是一对肾输尿管。肾体积较大,具有排出代谢产物、调节酸碱平衡和维持一定渗透压的作用。与哺乳动物不同,禽类蛋白质代谢的终产物在肝内主要合成尿酸而不是尿素,由血液带到肾内,以分泌的方式排出。尿酸几乎不溶于水,排出时不需要大量水分,因而既可减少体内水分丧失,又不需要膀胱贮存,有利于减轻体重。尿呈乳白色或乳黄色,经输尿管直接输送到泄殖腔,最后因水分再次被吸收而呈半固体状,所产生的尿液通过泄殖腔和粪便一起排出。

　　鸡粪是畜禽粪便中养分含量最高,同时又最具有经济效益的粪肥。鸡粪中的粗蛋白质含量较高,氨基酸种类齐全,并含有丰富的矿物质和微量元素。因此,经过特殊加工处理,鸡粪可以成为优质高效的饲料资源。对烘干鸡粪营养成分的研究分析结果显示,烘干鸡粪中的粗蛋白含量较高,为 30.32%,与其他常规饲料相比,仅低于大豆(39.97%)、豆饼(36.33%),但明显高于玉米(9.27%)、高粱(7.68%)和麦麸(15.18%)的,尤其是与豆秸粉(5.35%)相比,其值约是豆秸粉的 6 倍。烘干鸡粪中粗脂肪含量为 4.82%,明显低于大豆,而与豆饼(5.78%)、玉米(5.8%)、高粱(4.54%)、麦麸(4.94%)的基本相当,显著高于豆秸粉(1.21%),其值是豆秸粉的 4 倍。鸡粪的钙、磷、灰分含量也明显高于其他常用饲料。常规饲料(包括大豆、豆饼、玉米、高粱、麦麸、豆秸粉等)与烘干鸡粪的养分含量对比详见表 1-12。

表 1-12　常规饲料与烘干鸡粪的养分含量对比

饲料名称	粗蛋白含量/%	粗脂肪含量/%	粗纤维含量/%	灰分含量/%	水分含量/%	钙含量/%	磷含量/%
大豆	39.97	16.32	6.30	4.51	9.28	0.28	0.61
豆饼	36.33	5.78	5.65	5.55	11.74	0.27	0.63
玉米	9.27	5.80	5.50	5.30	11.50	0.08	0.44
高粱	7.68	4.54	1.89	2.74	14.54	0.78	0.33
麦麸	15.18	4.94	9.78	5.96	10.18	0.13	1.29
豆秸粉	5.35	1.21	48.90	4.17	11.29	0.58	0.45
烘干鸡粪	30.32	4.82	10.62	38.64	4.86	10.01	2.46

根据原国家环境保护总局（环发〔2004〕43 号文件）提供的系数，按饲养周期 210 d 计算，每只蛋鸡的粪便排放量为 0.12 kg/d，合计 25.2 kg/a；每只鸭的粪便排放量为 0.13 kg/d，合计 27.3 kg/a。鸭养殖主要污染物排放量测算系数 COD 为 46.30 kg/t、BOD 为 30.00 kg/t、NH_4^+-N 为 0.80 kg/t、TN 为 11.00 kg/t、TP 为 6.20 kg/t。家禽主要污染物平均含量详见表 1-13。夏季单只鸭日采食量和粪便日排放量分别是冬季的 1.5 倍和 2 倍，鸭采食量越多，产生的粪便量也越多，对环境造成的污染越严重。

表 1-13　家禽主要污染物平均含量　　　　　　　　　　　　单位：kg/t

动物种类	项目	BOD	COD	NH_4^+-N	TN	TP
鸡	粪	47.9	45.0	4.8	9.8	5.4
鸭、鹅	粪	30.0	46.3	0.8	11.0	6.2

参考文献

[1] 武淑霞,刘宏斌,黄宏坤,等. 我国畜禽养殖粪污产生量及其资源化分析 [J]. 中国工程科学,2018,20(5):103-111.

[2] 温娟,孙静,余文华,等. 农业面源污染治理技术与政策研究——以天津市规模化畜禽养殖场为例 [M]. 天津:天津大学出版社,2018.

[3] 中华人民共和国环境保护部,中华人民共和国国家统计局,中华人民共和国农业产品. 全国第一次污染源普查公报 [R]. 北京:2010.

[4] 彭里. 重庆市畜禽粪便污染调查及防治对策 [D]. 重庆:西南农业大学,2004.

[5] 王允妹. 规模化畜禽养殖场废水处理技术研究进展 [J]. 科技创新导报, 2015(23): 144-145,148.

[6] 汪开英,代小蓉. 畜禽场空气污染对人畜健康的影响 [J]. 中国畜牧杂志,2008,44(10):32-35.

[7] 边炳鑫,赵由才,乔艳云. 农业固体废弃物的处理与综合利用 [M]. 北京:化学工业出版

社,2004.

[8]　郑久坤,杨军香.粪污处理主推技术 [M].北京:中国农业科学技术出版社,2013.

[9]　朱荣生,成建国,黄保华.畜禽粪污减量与资源化利用技术 [M].北京:中国农业出版社, 2019.

[10]　杨凤.动物营养学 [M].北京:中国农业出版社,2004.

[11]　张景略,徐本生.土壤肥料学 [M].郑州:河南科学技术出版社,1990.

[12]　刘更令.中国有机肥料 [M].北京:农业出版社,1991.

[13]　山西农业大学.养猪学 [M].北京:农业出版社,1982.

[14]　吕绪东,王纯.烘干鸡粪营养成分的分析 [J].黑龙江八一农垦大学学报,2003(2):36-37.

[15]　香港猪会.规模化猪场用水与废水处理技术 [M].北京:中国农业出版社,1999.

第2章　畜禽养殖粪污资源化利用国内外情况

　　2017年6月12日,国务院办公厅印发了《关于加快推进畜禽养殖废弃物资源化利用的意见》(国办发〔2017〕48号)(以下简称《意见》),要求全面贯彻党的十八大和十八届三中、四中、五中、六中全会精神,深入贯彻习近平总书记系列重要讲话精神和治国理政新理念、新思想、新战略,认真落实党中央、国务院决策部署,统筹推进"五位一体"总体布局和协调推进"四个全面"战略布局,牢固树立和贯彻落实创新、协调、绿色、开放、共享的发展理念,坚持保供给与保环境并重,坚持政府支持、企业主体、市场化运作的方针,坚持源头减量、过程控制、末端利用的治理路径,以畜牧大县和规模养殖场为重点,以沼气和生物天然气为主要处理方向,以农用有机肥和农村能源为主要利用方向,健全制度体系,强化责任落实,完善扶持政策,严格执法监管,加强科技支撑,强化装备保障,全面推进畜禽养殖废弃物资源化利用,加快构建种养结合、农牧循环的可持续发展新格局,为全面建成小康社会提供有力支撑。《意见》提出,到2020年建立畜禽养殖废弃物资源化利用制度,全国畜禽养殖粪污综合利用率达到75%以上,大型规模养殖场粪污处理设施装备配套率提前一年达到100%。

　　近年来,我国针对规模化畜禽养殖粪污资源化利用探索了很多模式,明确了"源头减量—过程控制—末端利用"的总体路线。国外由于土地情况不同、养殖方式不同,畜禽养殖粪污资源化利用开展得较早,尤其在法律法规方面较完善。国内外畜禽养殖粪污资源化利用的经验将为我国探索规模畜禽养殖粪污"重生"的路径提供必要的支撑。

2.1　国外畜禽养殖粪污资源化利用情况

2.1.1　美国

　　美国通过法律保障养殖业污染的分类治理。美国国会于1972年颁布了《净水法案》,并委托美国国家环保局(EPA)负责执行这项法案。《净水法案》的核心内容是,不经EPA批准,任何企业不得向任一水域排放任何污染物,而且该项法案将畜禽养殖场列入污染物排放源。随后,美国国家环保局还建立了污染物排放制度。这两项规定都对畜禽养殖业生产规模给予了认真考虑。比如,牲畜存栏头数在1 000个畜牧单位以上(相当于2 500头肉猪)的畜牧生产企业,被定义为集中饲养畜牧企业(点源污染源),其余存栏量规模的养殖场为非点源污染源。而针对点源污染,美国的环境政策使用强制令。强制令是指政府环境保护部门的具体污染控制技术强制企业采纳,实现达标排放。这种政策主要用于治理点源污染,在美国已经运用了多年,对治理美国点源污染发挥了重大作用。

　　而治理非点源污染的方法主要为综合无害化处理,主要方法为:①在国家部门和民间团体两个层面分别制定污染物治理措施与项目计划;②通过防污良好、防污技术推广广泛的生产者对其他从业者进行培训与示范,并综合各种方法以达到养殖业废弃物无害化处理利用的目的。1977 年,美国的《清洁水法》规定:工厂化的规模养殖业是点源性污染,与工业和城市设施污染相同,要求其排污水平达到国家污染减排系统标准;畜禽场建设规模超过一定标准的,必须经过上报审批,取得环境标准许可后,还要严格遵守环境法律及相关政策要求。此外,美国于 1987 年在《清洁水法》修订版中重新定义了非点源性污染,并制定了非点源性污染治理计划。

1990 年,美国国会通过《污染预防法》,从法律层面认定,污染应当首先消除在其产生危害之前,并表明美国环境污染防治战略的优先级是"应当在源头尽可能地对污染物加以预防和削减;如未能防止,应尽可能地以对环境安全的方式进行再循环;无法通过预防和再循环消除的污染物应尽可能地以对环境安全的方式进行处理;排入环境只能作为污染物最后的处理手段"。至此,美国的养殖企业开始特别注重使用农牧结合的方法来破解养殖业排污治理的难题。美国目前多数大型农场均为农牧结合型农场,它们合理协调种植与养殖的比例关系,适当安排轮种,科学分配生产与销售等各环节,严格落实"以养定种"的目标,合理确定养殖与种植规模,畜禽养殖液体废弃物不允许排放,在农场内部形成"饲草—饲料—肥料循环"的体系,以解决养殖业污染源的污染问题。

为确保畜禽粪便中的氮、磷等养分含量,美国的猪场主要采用水泡粪方式,猪粪尿及污水长期贮存于猪舍下部的粪坑直至进行农田利用,或定期从猪舍下的粪坑被转移到舍外专用贮存池直至进行农田利用;奶牛场采用干清粪方式,清理出的奶牛粪尿进入舍外的专用贮存池存放,然后进行农田利用;鸡场则采用机械干清粪方式,进行堆肥后利用或直接利用。除农田利用外,当畜禽粪便的养分供应量超过农作物的养分需求或土地承载力时,为避免产生环境风险,美国养殖场会选用其他的粪污治理、利用方法,如堆肥处理、厌氧发酵处理等,但这些技术在美国养殖场粪污治理中所占比例很小。

2.1.2 加拿大

同样属于北美洲的加拿大,对畜禽养殖业环境污染的管理主要集中在各联邦省,由各联邦省制定本辖区畜禽污染控制措施。各省均针对畜禽养殖业制定了环境管理技术标准,所有养殖从业者必须按照标准严格管理以防止污染。加拿大畜禽养殖业的环境管理技术标准中规定的内容十分详尽,包括确定最小间隔距离、制订营养管理计划和采用严格的评审程序。农场主编制的营养管理计划必须提交给市政主管部门或由第三方进行评审,如果营养管理计划符合规定要求,政府将同意建设或扩建畜禽养殖场,发放生产许可证。若申请表中资料不全,或周围群众大多反对,就不准办场。

一旦从业者违反管理标准导致环境污染事故,地方环保部门将按照《加拿大环境保护法》及相关省法律有关条款对从业者进行处罚。例如,加拿大的畜禽养殖业环境管理技术标准要求,养殖场内部产生的畜禽养殖粪污必须在附近 10 km 内的土地内自行处理,并加以利用,如果畜禽养殖场本身没有能够处理本场出产的粪污的足够土地,就必须同其他畜禽养殖场签订粪污使用合同,以保证自产粪污可全部利用。加拿大对畜禽污染的治理以畜禽粪便的利用为主,实现畜牧业与农业的高度结合,畜禽产生的粪便及污水经还田得到利用,基本没有污染物的排放,无须投入大量污染治理设施。在一些临近城市的集约化养殖场,产生的污水经处理进入城市污水管网,粪便经堆肥发酵后还田使用或生产成商品有机肥。

从畜禽污染的管理状况可以看出,加拿大对畜禽粪便环境污染的管理主要将畜牧业与农业高度结合,并且以充足的土地对粪污进行消纳作为解决畜禽污染的出发点;同时,加强对畜禽养殖场建设的管理,严格核发生产许可证;加强对畜禽养殖场环境污染防治的技术指导。

2.1.3   欧盟

20 世纪 90 年代,欧盟各个成员国审议了新修订的环境法,该项法律重新定义了每公顷载畜量标准、畜禽养殖粪污用于农用的限量标准和圈养畜禽密度标准,鼓励从业者实施粗放式畜牧养殖,严控养殖规模,依据种植面积合理设置粪污治理装置,并通过控制载畜量、挑选适宜作物品种、压缩无机肥使用、合理使用有机肥等良性循环性活动减轻环境负担,并规定凡按此标准执行畜牧养殖的从业者均可得到养殖补贴。

2.1.3.1   荷兰

荷兰粪污治理的核心是对粪污进行养分管理,在生产环节上注意污染控制,重点目标是进行粪污的农田利用,在农业中将氮元素和磷元素对环境(主要是地下水的硝酸盐含量)的排放降至可接受水平。荷兰养猪场和禽类养殖场占地面积很小,受到严格的粪污施肥量的限制,粪污施用量要求为 2 头奶牛 / 万 m²、20 头育肥猪 / 万 m²。荷兰有健全和规范的粪污治理经济制度,于 1971 年立法,禁止将粪污直接排放至地表水中,以减少畜禽粪便对环境的污染。此外,从 1984 年起,国家不再批准现有从业者扩大养殖规模,并通过法律限制单位面积土地中牲畜的养殖规模,如果养殖场产生的多余粪污必须外运处置,农场需要支付费用给运输公司,使用粪污的农户可向运输公司收取 3~10 € /t(€ 为欧元符号)的处理费。荷兰的牛、猪养殖场普遍使用漏缝地板,地板下贮存粪便,粪便、尿液和清洗水混在一起形成粪浆,属于水泡粪工艺。为减少运输成本,降低粪污中的液态比例,提高输送效率,养殖场普遍采用固液分离的方式,将固体晾晒或堆肥,将液体部分进行密闭式长期贮存后提供给附近农场使用,贮存过程中产生的沼气可收集使用,几乎实现全过程的封闭处理,对臭气排放进行严格控制。目前荷兰的大中型农场分散在全国 13.7 万个家庭,产生的畜禽粪便基本由农场进行消纳。

2.1.3.2   丹麦

丹麦高度发达的农业以畜牧业为主,可以由如下几组数据得到体现:①人口中的 2% 是农民(约 12 万人),创造的农业总值可以养活 3 个丹麦;②畜牧业产值占农业总产值的 90%。在畜牧业产值中,养猪业占 40%,奶牛业占 26%,肉牛业占 15%~20%。丹麦生产的畜产品中 2/3 供出口,其中猪肉出口值达到 33 亿美元,居世界第一位,黄油出口值约为 1.98 亿美元,奶酪出口值约为 9.97 亿美元。为防止粪污污染环境,丹麦同样限定了各种严格的环保条件,如限制单位土壤可消纳的粪污量,确定畜禽密度上限,要求在 12 h 内将裸露田间所施的粪肥犁入土壤中,禁止向冻土或雪地上施粪肥;还要求农场可贮存本场 9 个月出产的粪便。

丹麦法律规定,养殖场必须在中央畜牧管理登记处登记,在新设、扩建或变更畜舍、粪尿及青贮废液贮存设施时必须事先报告,有效地防止了畜禽排泄物的环境污染。中小型畜禽养殖场将种植业和养殖业有机结合,其中作物肥料和灌溉用水来自无害化处理后的畜禽粪便和冲洗废水,在减少经营成本的同时,保持了种养平衡。在生态补偿机制方面,丹麦尊重农民的意愿,提供丰厚的经济补贴,让农民不仅愿意配合政府,还能够积极响应政府的号召。丹麦还对施肥方式做出了明确规定,粪肥必须通过直接深施到土壤中的方式施放到土地中,以便将氨气的排放量降到最低并且保证卫生。在实际生产中还必须考虑到天气条件,有效规划施放粪肥的时间,以免将粪肥施放到冻土、融雪的土壤上或在降雨前施放粪肥。

2.1.3.3　德国

德国的畜禽饲养数量较多,全国约有牛 1 300 万头、猪 2 600 万头、马 400 万匹、家禽 1.15 亿只。庞大的畜禽养殖规模导致每年产生的畜禽粪便折合干物质量达 2 190 万 t。为科学地处理和利用这些畜禽粪便,实现资源的效益化利用和环保目标,德国规定畜禽粪便不经处理不得排入地下水源或地面。凡是与供应城市或公用饮水有关的区域,每万平方米土地上家畜的最大允许饲养量不得超过规定数量,即牛 3~9 头、马 3~9 匹、羊 18 只、猪 9 ~15 头、鸡 1 900~3 000 只、鸭 450 只。

德国政府非常重视生物能源的利用,在生物能源的生产、利用、废料处理等方面都有领先的技术和实践。德国利用养殖场粪便等废弃物发酵生产沼气,沼气则用于发电和供热,除解决了能源问题外,还增加了农场主收入。2010 年,德国农业实体经营收入中约 1/3 从非传统农业途径获得,而从可再生能源生产中增加的收入占非传统农业收入的 42%。尽管净化的沼气由于加热值过高不适于天然气输气管道,但是目前德国已经开始向主要天然气生产厂家供应浓缩沼气,并将覆盖整个欧盟范围。有研究报告甚至认为,2020 年德国生产的沼气比整个欧盟 2008 年从俄罗斯进口的天然气还多。

2.1.4　英国

英国的畜牧业均远离都市且与种植业互补,畜禽粪便全部经过处理变成肥料,既不破坏环境,又能提高土壤肥力。此外,英国限制建设大型畜牧农场,目的是使畜牧产生的粪污不超过土地的承载能力;英国还规定了单一畜牧场畜禽数量上限:奶牛 200 头、肉牛 1 000 头、种猪 500 头、肥猪 3 000 头、绵羊 1 000 只、蛋鸡 7 000 只。

2.1.5　日本

20 世纪 70 年代初,日本的畜牧业对环境的破坏十分严重,对此日本通过了《防止水污染法》《恶臭防止法》和《废弃物处理与消除法》等 7 部相关法规,对养殖场污染治理制定了详细严格的措施。如《废弃物处理与消除法》规定,在城镇等人口密集地区,畜禽粪便必须经过处理,处理方法有发酵法、干燥或焚烧法、化学处理法、设施处理等。《防止水污染法》

则规定了畜禽场的污水排放标准,即畜禽场养殖规模达到一定的程度(养猪超过2 000头、养牛超过800头、养马超过2 000匹)时,排出的污水必须经过处理,并符合规定要求。

此外,日本政府还出台了国家补贴政策,鼓励从业者保护环境,减少畜禽粪污对环境的污染,即国家和地方财政补贴占农场环保处理设施建设费的75%,农场自付25%。

2.1.6　关于国外养殖粪污资源化利用的思考

中国的畜禽饲养业发展较晚,环境保护工作基础薄弱,与发达国家相比具有较大的差距,可以从发达国家防治养殖业污染的经验中得到一些有益的启示。目前,畜禽养殖业污染问题已经得到全世界各个国家和地区人民的重视,并且各国已经采取了一些相应的措施,在加强畜禽养殖粪污治理和控制方面起到一定作用。但是国外的一些经验并不符合国内的现状,比如国内庞大人口的营养需求与种植用地之间的矛盾就导致一些国家粗放的资源化利用模式并不适用于我国,同时大多数国家主要依靠一些法律法规对畜禽养殖场进行约束,对养殖粪污的资源化利用也仅停留在沼气工程、有机肥加工等几个方面,没有我国面临的情况复杂。因此,形成我国特定地区、特定环境的畜禽养殖粪污资源化利用模式才是最符合我国现阶段发展要求的。

2.2　我国畜禽养殖粪污形成及污染演变历程

2.2.1　我国畜禽养殖现状

近几年,我国畜禽养殖业呈现散养户—专业户—规模化的梯度发展态势。根据国家统计局数据,我国2019年全年猪、牛、羊、禽肉产量为7 649万t,比上年下降10.2%。其中,猪肉产量为4 255万t,下降21.3%;牛肉产量为667万t,增长3.6%;羊肉产量为488万t,增长2.6%;禽肉产量为2 239万t,增长12.3%。禽蛋产量为3 309万t,增长5.8%;牛奶产量为3 201万t,增长4.1%。年末生猪存栏31 041万头,下降27.5%;生猪出栏54 419万头,下降21.6%。分析近5年我国主要畜牧产品产量可知,2019年以猪肉为主的肉类减产的主要原因为非洲猪瘟在我国广大地区的持续爆发导致生猪养殖量下降。针对这种情况,国务院办公厅印发了《关于稳定生猪生产促进转型升级的意见》(国办发〔2019〕44号),在政策层面上为生猪养殖的转型升级提供了指导,加大新建、改扩建、禁养区异地重建规模化猪场的支持力度,重点加强动物防疫、环境控制等设施建设。随着国家支持力度的加大,生猪养殖业将在近一两年内恢复之前的产能,并将稳步增长。

2.2.2　我国畜禽养殖粪污形成及污染演变历程

"五谷丰登""六畜兴旺"是中国古代劳动人民的美好愿望,同时也反映出中国古代农业经济以种植业为主、家畜饲养业为辅的特点。在现代社会,养殖行业与社会发展程度及居民消费水平密切相关,畜牧业在农业经济中所占比例是衡量一个国家或地区农业现代化发展程度的重要标志。养殖业的发展之路也是中华人民共和国成立以来社会经济发展历程的一个缩影。中华人民共和国成立前,畜禽养殖多以私养为主;中华人民共和国成立初期,养殖产品的生产和消费量较小, 1978 年全国人均肉类占有量只有 9 kg。改革开放前,国内生产力水平较为低下,是缓解城乡居民"吃肉难"问题的阶段;进入 21 世纪以来,在国家政策的强力推动下,我国畜牧业进入向现代畜牧业快速转型的阶段,现代畜牧业生产体系逐步建立。随着社会的发展和人们生活水平的提高,畜牧业向规模化、集约化方向快速发展。经过 30 多年的快速发展,畜产品匮乏、供应限量的局面已得到根本转变,中国肉类、禽蛋总产量稳居世界首位。

随着规模化养殖的发展,环境污染问题日渐突出。《第一次全国污染源普查公报》显示, 2007 年我国规模化畜禽养殖场的粪便产生量为 2.43 亿 t,尿液产生量为 1.63 亿 t,畜禽粪便污染已居农业源污染之首。我国既是养殖大国,也是种植业大国,但因种养分离,养殖粪污资源化利用受阻,一方面大量排放的粪污对环境造成污染,另一方面农业种植时大量施用化肥造成土壤有机质含量下降,加剧了农业面源污染。畜禽养殖粪污是土壤有机质的重要来源,其肥料化利用既可有效解决养殖污染问题,又可提高土壤有机质含量,减少氮、磷流失。我国地域辽阔,各区域之间的自然条件、农业生产方式、经济发展水平差异大,粪污资源化利用受这些条件的影响大。通过总结现有养殖场粪污资源化利用的经验与存在的问题,探讨符合各区域特点的粪污资源化模式,对全面推动我国畜禽养殖粪污资源化利用具有积极意义。

2.2.3　我国畜禽养殖粪污资源化利用中存在的主要问题

2.2.3.1　规划不合理,区域内粪污肥料化利用受阻

肥料化利用是当前养殖粪污治理的主要方式。粪污肥料化利用的前提是"种养平衡",确保养殖场养殖规模与消纳土地匹配。种养是否平衡一般通过耕地畜禽承载量进行评价。为全面掌握我国规模化畜禽养殖粪污资源化利用的模式及存在问题,笔者对我国"十二五"期间国家污染物总量减排考核获得认定的规模化畜禽养殖场粪污治理设施进行统计分析,从粪便和污水两方面着手分析我国不同区域、不同规模、不同畜种粪污治理设施的特点。

耕地畜禽承载量计算式为

$$LR = OR \cdot S^{-1}$$

式中　LR——耕地畜禽实际承载量,生猪当量 /hm²;

　　　OR——生猪当量养殖量,头;

　　　S——耕地面积,hm²。

标准生猪当量折算方法:根据中国农业科学院农业环境与可持续发展研究所和环境保护部南京环境科学研究所编写的《第一次全国污染源普查畜禽养殖业源产排污系数手册》,按主要畜禽产氮量系数折算,如表 2-1 所示。

表 2-1　畜禽养殖粪污产物系数

畜禽品种	COD	TN 含量	NH$_3$-N 含量	TP 含量	备注
猪 /kg	36	3.7	1.8	0.56	出栏量
奶牛 /（kg/a）	2 131	105.8	2.85	16.73	存栏量
肉牛 /kg	1 782	70.8	2.52	8.96	出栏量
蛋鸡 /（kg/a）	7.18	0.5	0.12	0.12	存栏量
肉鸡 /kg	2.92	0.06	0.02	0.02	出栏量

　　根据生猪当量产氮量系数，可将 7.4 只蛋鸡、61.7 只肉鸡折算为 1 头猪，1 头奶牛折算为 28.59 头猪，1 头肉牛折算为 19.14 头猪。据 2016 年《中国畜牧业年鉴》和《中国国家统计年鉴》，2015 年我国农作物播种面积约为 1.66 亿 hm^2，2015 年年末折算生猪当量养殖量为 308 305 万头，耕地畜禽承载量平均为 19 头 / 公顷。研究人员对我国部分省（市）的耕地畜禽承载量进行统计，见图 2-1。根据意大利、英国、美国等国家的规定，每公顷土地年最大畜禽负荷在 250 kg 左右，我国以生猪养殖为主，根据生猪当量产氮量系数折算，我国每公顷土地最多容纳 68 头生猪产生的粪便。北京、青海省的现有耕地畜禽承载量分别为 69、56 头 / 公顷，接近最大承载值，全国其他各省（市）的耕地畜禽承载量基本为 20 头 / 公顷左右。从这一数据可知，我国现有耕地畜禽承载量远低于最大承纳量，只要布局合理，完全可通过肥料化利用方式消纳养殖粪污。粪污肥料化利用受施用成本的影响，根据李汪晟等的核算，粪污肥料化利用中车辆运输的经济运输距离为 3.6 km，而在我国实行家庭联产承包责任制的土地政策以来，畜牧业脱离种植业而独立发展，在实际调研中发现，部分养殖场没有配套消纳粪污的土地，使得区域内种养平衡无法实现，导致粪污肥料化利用受阻。根据耕地消纳能力合理确定养殖量、优化养殖产业布局是解决养殖污染的基础。

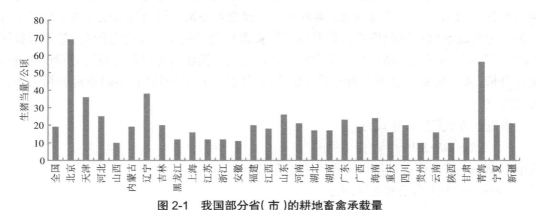

图 2-1　我国部分省（市）的耕地畜禽承载量

2.2.3.2　未形成因地制宜的区域粪污资源化利用典型模式

　　我国养殖污染防治起步较晚，加之养殖从业人员综合素质较低（表 2-2），对养殖污染治理技术缺乏基本了解，以至于盲目选择粪污治理模式，导致设施运行费用高、处理效果差等一系列问题。根据"十二五"主要污染物总量减排考核认定情况，根据减排要求以及核查相关规定,5 类畜禽规模化养殖场规模确定为:生猪不少于 500 头(出栏)、奶牛不少于 100 头(存栏)、肉牛不少于 100 头(出栏)、蛋鸡不少于 10 000 只(存栏)、肉鸡不少于 50 000 只(出栏)。"十二五"期间,我国出栏量万头以上的大型生猪规模化养殖场共计 3 410 家,进行粪污贮存农用的共计 732 家,所占比例高达约 21.5%。大型规模化养殖场粪污集中,需要消纳的土地多,粪污施用运输距离远,部分养殖场为节约成本,常在养殖场周边的土地过量施用或直排粪污,污染周围水域和地下水,并可能导致土壤硝酸盐、磷及重金属超标。我国东北平原年均气温低,污水若采用生化处理模式,建设成本高,运行维护难度大,从统计结果看,东北地区有 4% 左右的养殖场采用污水达标排放模式,然而通过调查发现,该地区采用达标排放模式的养殖场大部分污水处理设施不能正常运行。综上所述,畜禽养殖粪污的资源化利用方式不应一刀切,应根据本地区的自然特征、农业生产方式、经济发展水平,因地制宜地选择适合的模式,通过典型示范,形成具有区域特点的养殖粪污资源化利用的典型模式。

表 2-2　畜牧生产经营人员受教育程度分析　　　　　单位:%

受教育程度	全国	东部地区	中部地区	西部地区	东北地区
未上过学	6.4	5.3	5.7	8.7	1.9
小学	37.0	32.5	32.7	44.7	36.1
初中	48.3	52.5	52.6	39.9	55.0
高中或中专	7.1	8.5	7.9	5.4	5.6
大专及以上	1.2	1.2	1.1	1.3	1.4

2.2.3.3　清洁养殖生产方式欠缺

根据 2015 年的环境统计数据可知,我国 2015 年规模化养殖场共计 138 827 家,其中 38 401 家采用水冲粪的清粪方式,占比达到 27.66%。水冲粪工艺用水量大,不仅造成水资源浪费,而且因污水产生量大,污水中污染物浓度高,处理和利用难度大、成本高。刘永丰等在清粪方式对养猪废水中污染物迁移转化的影响的研究中表明,水冲粪工艺中,进入水体的 COD、总氮、总磷、氨氮的负荷量分别是干清粪工艺的 15.5、5.7、9.5、11.5 倍。调研发现,在南方水网地区采用干清粪工艺的养殖场中,有 30% 左右用水量严重偏高,超量用水现象普遍。对该地区的规模化生猪养殖场的饮水设备进行抽样调查分析,发现采用鸭嘴式和乳头式饮水器的养殖场占比高达 81%,该类饮水器一方面造成大量的水资源浪费,增加污水产生量,令后期处理难度偏大;另一方面溢流的水造成圈舍潮湿,易滋生细菌,进而导致生猪免疫力下降。严格遵守清洁生产要求,应从源头减量着手,养殖企业必须逐步以干清粪方式代替水冲粪方式,改造、安装节能饮水器,采用科学的饲养方法,从而减少污染物产生,同时还要加强养殖人员的环保意识。

2.3 天津市畜禽养殖粪污治理利用现状

建设沿海都市型现代农业是天津市重点发展方向之一,《2016 年天津市国民经济和社会发展统计公报》显示,天津市全年农业总产值为 494.44 亿元,比上年增长 3.3%。其中,种植业产值为 247.49 亿元,增长 5.1%;林业产值为 8.35 亿元,增长 7.9%;畜牧业产值为 140.85 亿元,下降 0.7%;渔业产值为 85.80 亿元,增长 3.2%;农林牧渔服务业产值为 11.95 亿元,增长 7.5%。

根据经济产值数据可以发现,除种植业外,发展现代畜牧业是调整产业结构、促进农民增收、提高人民生活水平的重要途径之一。改革开放以来,天津市畜牧业在城市发展中的地位越来越重要,畜禽产品总产量和人均产量均大幅增加。但随着天津城市化进程的加快和畜牧业集约化的飞速发展,养殖布局不合理、种养脱节等问题日益突出,养殖过程中产生了大量的养殖废水和粪便,超过了区域环境承载能力,环境问题日益显现,严重制约了畜牧业的健康发展。2014 年天津市年产畜禽粪便 456.2 万 t,废水 397.6 万 t,COD 21.8 万 t,总氮 4.9 万 t,总磷 1.5 万 t。这些污染物如果得不到有效处理和利用,势必造成农田、水域以及人民生活环境的污染或者破坏,带来一系列严峻的环境问题和生态风险,导致严重的社会问题。

2.3.1 天津市畜禽养殖现状

据 2017 年天津市各区统计数据,全市生猪存栏 187.48 万头,奶牛存栏 11.44 万头,肉牛存栏 14.49 万头,羊存栏 44.94 万只,家禽存栏 2 037.28 万只。根据《畜禽养殖粪污土地承载力测算技术指南》,按存栏量折算,100 头猪相当于 15 头奶牛、30 头肉牛、250 只羊、2 500 只家禽。天津市畜禽养殖总量为 411.50 万头猪当量,见表 2-3。

表 2-3 天津市畜禽养殖生猪当量折算表(2017 年)

辖区	生猪存栏 / 头	奶牛存栏 / 头	肉牛存栏 / 头	羊存栏 / 只	家禽存栏 / 只	折算生猪量存栏 / 头
蓟州区	410 094	2 504	78 136	135 630	4 169 950	908 290
武清区	243 696	44 469	18 031	108 431	4 805 596	835 855
宁河区	414 775	8 145	6 117	23 121	3 762 900	649 229
宝坻区	287 365	15 516	29 960	53 349	1 885 954	587 449
静海区	234 738	15 473	2 506	77 018	2 924 700	494 040
滨海新区	144 085	19 426	2 273	21 699	1 377 900	344 965
北辰区	30 072	6 327	4 820	16 492	499 092	114 880
西青区	43 719	1 700	1 812	3 893	727 500	91 749
津南区	55 002	0	484	3 022	139 600	63 408
东丽区	11 214	806	807	6 761	79 600	25 165
合计	1 874 760	114 366	144 946	449 416	20 372 792	4 115 030

2.3.2　天津市规模化畜禽养殖现状

根据 2017 年统计数据显示,天津市规模养殖场共计 2 447 家,主要养殖种类共计 24 种,养殖产业主要集中在蛋鸡、奶牛、肉鸡、肉牛和生猪 5 类畜禽品种上,辅以其他 19 种特色规模养殖。下面主要针对 5 类主要畜禽进行统计分析。

天津市各区养殖种类的分布见图 2-2。通过图 2-2 可以发现,宝坻区、蓟州区和武清区的规模养殖种类较多,该数据与天津市现代都市型农业结构调整优化保持了一致。宝坻区、武清区和蓟州区被列为国家农村产业融合发展试点示范区,天津市重点打造了蓟州乡村旅游、武清运河休闲旅游带、宝坻潮白河休闲观光廊道等现代观光、休闲农业示范区。

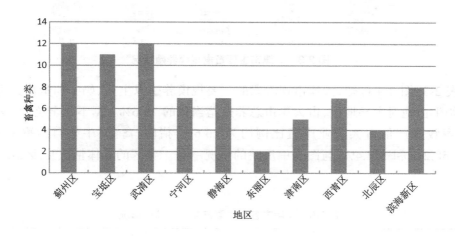

图 2-2　天津市各区养殖种类分布

为了分析天津市的主要畜禽养殖产业情况,研究人员对天津市主要畜禽规模养殖情况进行统计,见表 2-4 和图 2-3。

表 2-4　天津市主要畜禽规模养殖情况

畜种	现有养殖量	猪当量 / 头
蛋鸡	9 221 150 只	368 846
奶牛	114 366 头	762 440
肉鸡	10 080 700 只	403 228
肉牛	39 620 头	132 067
生猪	1 456 250 头	1 456 250

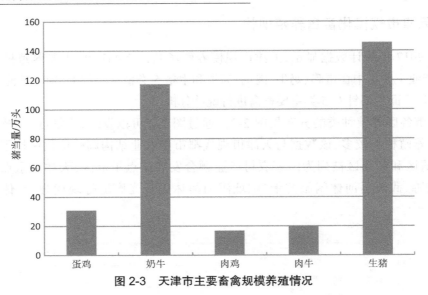

图 2-3　天津市主要畜禽规模养殖情况

　　由表 2-3、图 2-4 可知,天津市现阶段的主要规模养殖以生猪、奶牛和蛋鸡为主,其中生猪和奶牛占绝对主导地位,占天津市总养殖猪当量的 79.6%。据不完全统计, 2014 年天津市畜牧业产值占大农业产值比例约为 26.6%,猪肉、禽蛋、牛奶自给率分别达到 58.7%、58.2% 和 177.4%,与图表中反映的情况一致。各区的具体情况见表 2-5、图 2-4 和图 2-5。

表 2-5　天津市各区主要畜禽规模养殖情况

辖区	规模养殖猪当量 / 头	规模养殖场数量 / 家
蓟州区	259 700	440
宝坻区	637 673	419
武清区	698 510	396
宁河区	688 952	366
静海区	463 502	477
东丽区	12 643	6
津南区	25 128	28
西青区	44 815	19
北辰区	63 997	25
滨海新区	227 910	135

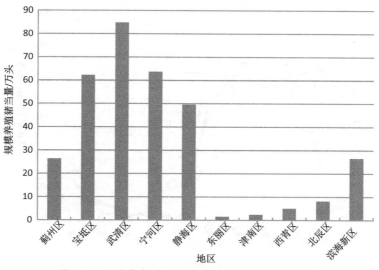

图 2-4　天津市各区主要畜禽规模养殖猪当量分布

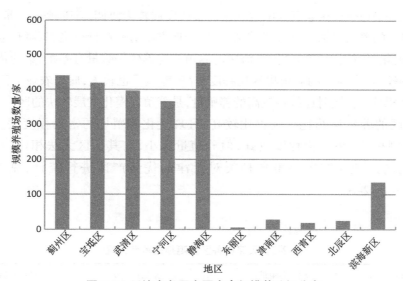

图 2-5　天津市各区主要畜禽规模养殖场分布

结合表 2-4、图 2-4、图 2-5 可知,天津市各区养殖猪当量、养殖场数量与各地区的发展规划基本一致。老五区(蓟州区、宝坻区、武清区、宁河区、静海区)畜禽养殖业的发展远远超过环城四区(东丽区、津南区、西青区、北辰区),占总养殖猪当量的 86.8%;作为新兴产业园区的滨海新区则紧随其后,占天津市总养殖猪当量的 8%。老五区按养殖猪当量从多至少排序为武清区、宁河区、宝坻区、静海区和蓟州区,但养殖场数量分布从大至小排序则为静海区、蓟州区、宝坻区、武清区和宁河区。根据该统计,形成图 2-6。

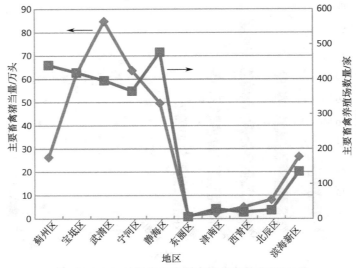

图 2-6　天津市各区主要畜种规模养殖分析

　　根据图 2-6 的分析,在老五区中宝坻区的整体发展较为协调,其养殖量与养殖场数量较为匹配;蓟州区的养殖场数量远大于养殖量,这与地方政府积极推行生态养殖、散养有关系,畜禽养殖规模化、集约化程度较低;静海区的养殖量与养殖场数量有差距,集约化程度不高,小、散养殖场较多;宁河区的养殖集约化程度稍高,养殖量也较大,属于农业大区;武清区的养殖集约化程度较高,同时还维持较高的养殖量,是养殖规模化发展较快的区。

　　滨海新区的养殖集约化程度也比较高,且现代化养殖场的密集程度大。环城四区的养殖场的规模化、集约化程度较好,但养殖量过小,与其他区无法相比,宜根据实际情况发展地区产业。按主要畜禽种类对天津的优势产区进行统计,见表 2-6 ~ 表 2-10、图 2-7 ~ 图 2-16。

　　1. 蛋鸡

表 2-6　天津市各区蛋鸡规模养殖情况

行政区	现有养殖量 / 只	猪当量 / 头	养殖场数量 / 家
蓟州区	1 894 700	75 788	134
宝坻区	3 471 900	138 876	82
武清区	1 359 500	54 380	34
宁河区	749 750	29 990	32
静海区	336 000	13 440	18
西青区	408 000	16 320	8
津南区	133 300	5 332	5
北辰区	168 000	6 720	4
滨海新区	700 000	28 000	16

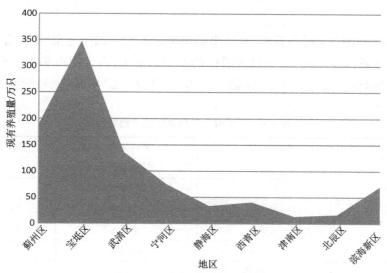

图 2-7　天津市蛋鸡规模养殖区分布

结合表 2-6 和图 2-7 可以看出,天津市蛋鸡规模养殖主要分布在宝坻、蓟州和武清 3 个区,其中宝坻区占比最高,占天津市蛋鸡规模养殖总量的 37.7%,蓟州占 20.5%,武清占 14.7%。蛋鸡规模养殖分析见图 2-8。

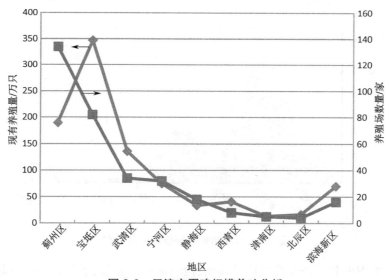

图 2-8　天津市蛋鸡规模养殖分析

宝坻区、武清区的蛋鸡规模养殖以工厂化养殖为主,养殖量均较大,集约化程度较高;蓟州区的蛋鸡则以散养、放养为主,集约化程度较低,但考虑到地方品牌产品的因素,这种情况也是合理的。整体而言,天津市各区的规模养殖情况良好,产业提升需要考虑更加精细的方面。

2. 奶牛

结合表 2-7 和图 2-9 可以看出,天津市奶牛规模养殖呈四极分布,主要分布在武清、静海、宝坻和滨海新区 4 个区,其中以武清区的养殖量最大,占天津市奶牛规模养殖总量的 44.7%,静海占 18.4%,宝坻占 13.0%,滨海新区占 10%。结合表 2-7 中养殖场数量可形成图 2-10。

表 2-7　天津市各区奶牛规模养殖情况

行政区	现有养殖量 / 头	猪当量 / 头	养殖场数量 / 家
蓟州区	1 710	17 100	3
宝坻区	15 199	151 990	15
武清区	52 435	524 350	48
宁河区	6 956	69 560	9
静海区	21 609	216 090	12
东丽区	680	6 800	1
西青区	2 048	20 480	4
北辰区	5 360	53 600	6
滨海新区	8 369	113 550	9

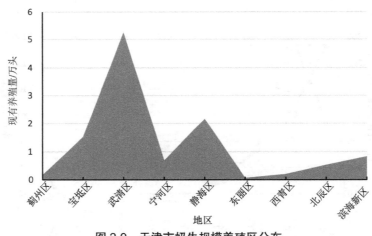

图 2-9　天津市奶牛规模养殖区分布

天津市奶牛规模养殖产业发展比较均衡,没有明显的短板,养殖量与养殖场数量的匹配情况良好。天津市的奶牛产业由天津嘉立荷牧业有限公司、天津神驰牧业有限公司等一批龙头企业带领,市场良好的规范性使产业的发展也相对规范。整体而言,天津市奶牛规模养殖是地方的主导产业,各区的规模养殖情况良好,产业提升需要更多考虑粪污治理的压力和粪污还田的用地难问题。

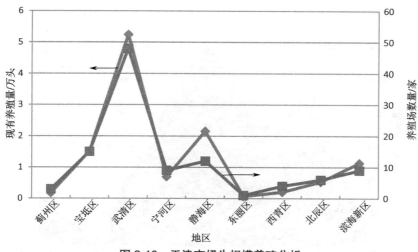

图 2-10　天津市奶牛规模养殖分析

3. 肉鸡

结合表 2-8 和图 2-11 可以看出,天津市的肉鸡规模养殖也呈四极分布,主要分布在宁河、宝坻、武清和静海 4 个区,其中以宁河区最突出,占天津市肉鸡规模养殖总量的 30.8%;宝坻区占 23.3%,武清区占 18.1%,静海区占 16.3%。以上数据结合表 2-8 中养殖场数量可形成图 2-12。

表 2-8　天津市各区肉鸡规模养殖情况

行政区	现有养殖量 / 只	猪当量 / 头	养殖场数量 / 家
蓟州区	225 800	9 032	13
宝坻区	2 349 600	93 984	101
武清区	1 828 000	73 120	67
宁河区	3 102 000	124 080	52
静海区	1 646 800	65 872	120
津南区	60 000	2 400	1
滨海新区	868 500	34 740	20

从图 2-12 可以看出,天津市肉鸡规模养殖产业发展差距较大,宁河区肉鸡规模养殖的集约化程度较高,存在年出栏过百万只的大型集中养殖片区,但现代化程度不强;宝坻区、武清区的肉鸡规模养殖以工厂化养殖场为主,发展相对均衡;静海区则以小型散户为主,集约化程度较低,需要提升。整体而言,天津市各区肉鸡规模养殖有一定差距,各区的规模养殖发展程度不一,产业提升需要从现代化肉鸡养殖技术着手。

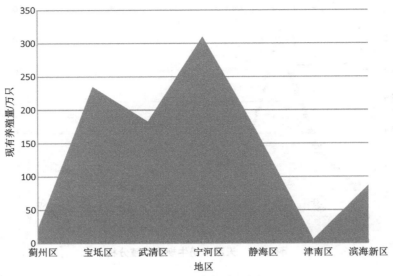

图 2-11　天津市肉鸡规模养殖区分布

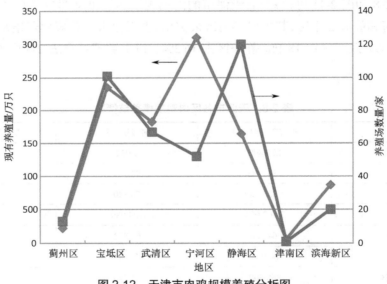

图 2-12　天津市肉鸡规模养殖分析图

4. 肉牛

结合表 2-9 和图 2-13 可以看出,天津市肉牛规模养殖主要分布在武清、蓟州和宝坻 3 个区,其中以武清区占比最高,占天津市肉牛规模养殖总量的 39.8%,蓟州区占 24.1%,宝坻区占 17.7%。结合表 2-9 中的养殖场数量可形成图 2-14。

从图 2-14 可以看出,天津市各区的肉牛规模养殖产业发展差距较大。武清区肉牛规模养殖的集约化程度较高;宝坻区的肉牛规模养殖发展相对均衡;蓟州区则以小型养殖散户为主,它们考虑到生态养殖的需求,采用散养、放牧的形式。整体而言,天津市各区的肉牛规模养殖稍有差距,各区根据自我发展定位进行饲养,但普遍存在养殖圈舍不规范的问题,以散养棚为主,产业提升需要从现代化、精细化、工厂化养殖入手。

35

第 2 章　畜禽养殖粪污资源化利用国内外情况

表 2-9　天津市各区肉牛规模养殖情况

行政区	现有养殖量/头	猪当量/头	养殖场数量/家
蓟州区	9 556	31 853	102
宝坻区	7 010	23 367	34
武清区	15 760	52 533	68
宁河区	1 442	4 807	10
静海区	819	2 730	10
西青区	850	2 833	2
津南区	633	2 110	4
北辰区	610	2 033	2
滨海新区	2 940	9 800	6

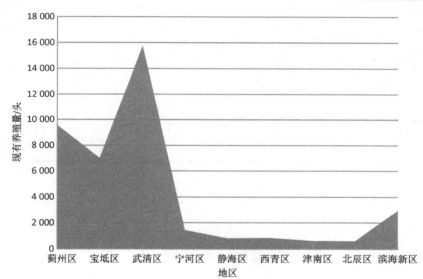

图 2-13　天津市肉牛规模养殖区分布

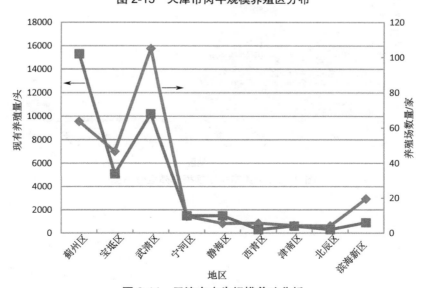

图 2-14　天津市肉牛规模养殖分析

5. 生猪

结合表 2-10 和图 2-15 可以看出,天津市生猪规模养殖主要分布在宁河区,其次为宝坻、静海和武清区,再次为滨海新区,其中宁河区生猪规模养殖占天津市生猪规模养殖总量的 33.2%,宝坻区占 19.2%,静海区占 16.3%,武清区占 11.6%,滨海新区占 6.8%。结合表 2-10 中养殖场数量可形成图 2-16。

表 2-10 天津市各区生猪规模养殖情况

行政区	现有养殖量 / 头	猪当量 / 头	养殖场数量 / 家
蓟州区	131 627	131 627	188
宝坻区	280 120	280 120	187
武清区	168 910	168 910	179
宁河区	483 702	483 702	295
静海区	237 400	237 400	317
东丽区	8 110	8 110	5
津南区	15 286	15 286	18
西青区	12 008	12 008	5
北辰区	19 510	19 510	13
滨海新区	99 577	99 577	84

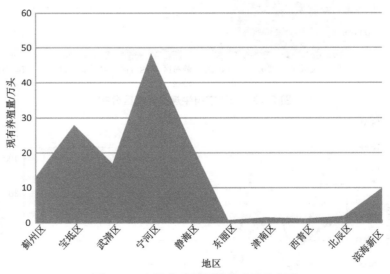

图 2-15 天津市生猪规模养殖区分布图

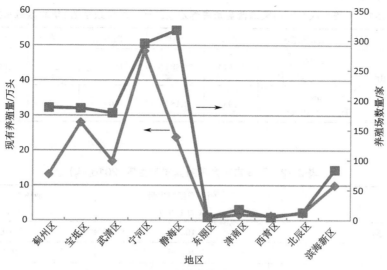

图 2-16　天津市生猪规模养殖分析图

从图 2-16 可以看出,占天津市畜禽养殖总猪当量 44.1% 的生猪规模养殖产业的规模化程度却不高,较好的区也只是养殖量与养殖场数量接近平衡,大部分区的生猪养殖集约化程度都不高。集约化程度较好的生猪养殖场集中在环城四区,而差距较大的有静海、蓟州等区。整体而言,天津市生猪规模养殖集约化程度差,除了几个地方的龙头企业外,以小养殖户、散养殖户为主,这可能与猪舍结构相对容易改造、饲养条件不严格有关。天津市生猪规模养殖的产业提升道路任重道远,需要从养殖场分布、规划、圈舍设计、粪污资源化利用等全链条的角度进行提升,需要政府给予较大的关注。

2.3.3　天津市畜禽养殖粪污产生量估算

基于《第一次全国污染源普查畜禽养殖业源产排污系数手册》华北区域系数(表 2-11),采用畜禽养殖粪污资源管理专家系统,结合天津畜牧业生产数据,计算天津市畜禽养殖粪尿的排泄总量。粪尿排泄总量核算公式为

$$M_{总}=\Sigma A_i \times Q_i \times 365 \div 1\,000$$

式中　$M_{总}$——区域一年产生的粪便(尿液)的量,t/a;

　　　A_i——区域养殖某个种类的总存栏数量,头(或只);

　　　Q_i——某种养殖类型群体的粪便(尿液)单产量,千克 /(头·日)。

2016 年,天津市畜禽固体粪便年产生量为 457.68 万 t、液体粪便年产生量为 250.68 万 t(表 2-12)。其中蓟州区、武清区畜禽粪便产生量最多,西青区、津南区和东丽区粪便产生量最少。

各区的畜禽养殖粪尿产量见表 2-13~ 表 2-22。

表 2-11 《第一次全国污染源普查畜禽养殖业源产排污系数手册》华北区域系数

区域/省份	污染物指标	生猪	奶牛	肉牛	羊	蛋鸡	肉鸡
华北区/北京市、天津市、山西省、河北省、内蒙古自治区	粪便量/[千克/(头或只·日)]	1.757 8	26.883 8	15.01	2.6	0.147 5	0.12
	尿液量/[千克/(头或只·日)]	2.193 0	11.187 1	7.09	1.0	—	—

表 2-12 天津市畜禽养殖粪尿产生量（2016年）

辖区	固体粪便产生量/（万 t/年）	液体粪便产生量/（万 t/年）
蓟州区	106.56	59.02
武清区	103.90	46.29
宁河区	60.41	38.95
宝坻区	63.43	39.04
静海区	52.40	28.57
滨海新区	38.64	20.85
北辰区	15.03	6.84
西青区	9.48	4.80
津南区	4.81	4.64
东丽区	3.02	1.68
合计	**457.68**	**250.68**

表 2-13 蓟州区畜禽养殖粪尿产生量（2016年）

种类	规模/头（或只）	粪便产生量/（kg/d）	尿液产生量/（kg/d）	粪便产生量/（t/a）	尿液产生量/（t/a）
生猪	410 094	720 863.23	899 336.14	263 115.08	328 257.69
奶牛	2 504	67 317.04	28 012.50	24 570.72	10 224.56
肉牛	78 136	1 172 821.36	553 984.24	428 079.80	202 204.25
羊	135 630	352 638.00	135 630.00	128 712.87	49 504.95
蛋鸡	3 832 465	565 288.59	0.00	206 330.33	0.00
肉鸡	337 485	40 498.20	0.00	14 781.84	0.00
合计				**1 065 590.64**	**590 191.45**

表 2-14　武清区畜禽养殖粪尿产生量(2016 年)

种类	规模 / 头(或只)	粪便产生量 /(kg/d)	尿液产生量 /(kg/d)	粪便产生量 /(t/a)	尿液产生量 /(t/a)
生猪	243 696	428 368.83	534 425.33	156 354.62	195 065.24
奶牛	44 469	1 195 495.70	497 479.15	436 355.93	181 579.89
肉牛	18 031	270 645.31	127 839.79	98 785.54	46 661.52
羊	108 431	281 920.60	108 431.00	102 901.02	39 577.32
蛋鸡	3 395 600	500 851.00	0.00	182 810.62	0.00
肉鸡	1 409 996	169 199.52	0.00	61 757.82	0.00
合计				**1 038 965.55**	**462 883.97**

表 2-15　宁河区畜禽养殖粪尿产生量(2016 年)

种类	规模 / 头(或只)	粪便产生量 /(kg/d)	尿液产生量 /(kg/d)	粪便产生量 /(t/a)	尿液产生量 /(t/a)
生猪	414 775	729 091.50	909 601.58	266 118.40	332 004.57
奶牛	8 145	218 968.55	91 118.93	79 923.52	33 258.41
肉牛	6 117	91 816.17	43 369.53	33 512.90	15 829.88
羊	23 121	60 114.60	23 121.00	21 941.83	8 439.17
蛋鸡	3 762 900	555 027.75	0.00	202 585.13	0.00
肉鸡	0	0.00	0.00	0.00	0.00
合计				**604 081.78**	**389 532.03**

表 2-16　宝坻区畜禽养殖粪尿产生量(2016 年)

种类	规模 / 头(或只)	粪便产生量 /(kg/d)	尿液产生量 /(kg/d)	粪便产生量 /(t/a)	尿液产生量 /(t/a)
生猪	287 365	505 130.20	630 191.45	184 372.52	230 019.88
奶牛	15 516	417 129.04	173 579.04	152 252.10	63 356.35
肉牛	29 960	449 699.60	212 416.40	164 140.35	77 531.99
羊	53 349	138 707.40	53 349.00	50 628.20	19 472.39
蛋鸡	31 054	4 580.47	0.00	1 671.87	0.00
肉鸡	1 854 900	222 588.00	0.00	81 244.62	0.00
合计				**634 309.66**	**390 380.61**

表 2-17 静海区畜禽养殖粪尿产生量（2016 年）

种类	规模 / 头（或只）	粪便产生量 /（kg/d）	尿液产生量 /（kg/d）	粪便产生量 /（t/a）	尿液产生量 /（t/a）
生猪	234 738	412 622.46	514 780.43	150 607.20	187 894.86
奶牛	15 473	415 973.04	173 098.00	151 830.16	63 180.77
肉牛	2 506	37 615.06	17 767.54	13 729.50	6 485.15
羊	77 018	200 246.80	77 018.00	73 090.08	28 111.57
蛋鸡	664 300	97 984.25	0.00	35 764.25	0.00
肉鸡	2 260 400	271 248.00	0.00	99 005.52	0.00
合计				524 026.71	285 672.35

表 2-18 滨海新区畜禽养殖粪尿产生量（2016 年）

种类	规模 / 头（或只）	粪便产生量 /（kg/d）	尿液产生量 /（kg/d）	粪便产生量 /（t/a）	尿液产生量 /（t/a）
生猪	144 085	253 272.61	315 978.41	92 444.50	115 332.12
奶牛	19 426	522 244.70	217 320.60	190 619.32	79 322.02
肉牛	2 273	34 117.73	16 115.57	12 452.97	5 882.18
羊	21 699	56 417.40	21 699.00	20 592.35	7 920.14
蛋鸡	991 400	146 231.50	0.00	53 374.50	0.00
肉鸡	386 500	46 380.00	0.00	16 928.70	0.00
合计				386 412.34	208 456.46

表 2-19 北辰区畜禽养殖粪尿产生量（2016 年）

种类	规模 / 头（或只）	粪便产生量 /（kg/d）	尿液产生量 /（kg/d）	粪便产生量 /（t/a）	尿液产生量 /（t/a）
生猪	30 072	52 860.56	65 947.90	19 294.10	24 070.98
奶牛	6 327	170 093.80	70 780.78	62 084.24	25 834.99
肉牛	4 820	72 348.20	34 173.80	26 407.09	12 473.44
羊	16 492	42 879.20	16 492.00	15 650.91	6 019.58
蛋鸡	499 092	73 616.07	0.00	26 869.87	0.00
肉鸡	0	0.00	0.00	0.00	0.00
合计				150 306.21	68 398.99

表 2-20　西青区畜禽养殖粪尿产生量

种类	规模/ 头(或只)	粪便产生量/(kg/d)	尿液产生量/(kg/d)	粪便产生量 /(t/a)	尿液产生量 /(t/a)
生猪	43 719	76 849.26	95 875.77	28 049.98	34 994.65
奶牛	1 700	45 702.46	19 018.07	16 681.40	6 941.60
肉牛	1 812	27 198.12	12 847.08	9 927.31	4 689.18
羊	3 893	10 121.80	3 893.00	3 694.46	1420.95
蛋鸡	453 000	66 817.50	0.00	24 388.39	0.00
肉鸡	274 500	32 940.00	0.00	12 023.10	0.00
合计				**94 764.64**	**48 046.38**

表 2-21　津南区畜禽养殖粪尿产生量

种类	规模/ 头(或只)	粪便产生量/(kg/d)	尿液产生量/(kg/d)	粪便产生量 /(t/a)	尿液产生量 /(t/a)
生猪	55 002	96 682.52	120 619.39	35 289.12	44 026.08
奶牛	0	0.00	0.00	0.00	0.00
肉牛	484	7 264.84	3 431.56	2 651.67	1 252.52
羊	3 022	7 857.20	3 022.00	2 867.88	1 103.03
蛋鸡	114 100	16 829.75	0.00	6 142.86	0.00
肉鸡	25 500	3 060.00	0.00	1 116.90	0.00
合计				**48 068.43**	**46 381.63**

表 2-22　东丽区畜禽养殖粪尿产生量

种类	规模/ 头(或只)	粪便产生量/(kg/d)	尿液产生量/(kg/d)	粪便产生量 /(t/a)	尿液产生量 /(t/a)
生猪	11 214	19 711.97	24 592.30	7 194.87	8 976.19
奶牛	806	21 668.34	9 016.80	7 908.95	3 291.13
肉牛	807	12 113.07	5 721.63	4 421.27	2 088.39
羊	6 761	17 578.60	6 761.00	6 416.19	2 467.77
蛋鸡	79 600	11 741.00	0.00	4 285.47	0.00
肉鸡	0	0.00	0.00	0.00	0.00
合计				**30 226.75**	**16 823.48**

2.4　天津市畜禽养殖粪污治理概况

天津市全面贯彻党的十八大、十九大及历次全会精神,深入贯彻习近平总书记系列重要讲话精神和对天津提出的"三个着力"重要要求,2017 年全面启动"美丽天津·一号工程",规模畜禽养殖粪污治理工作被纳入该工程的"清水河道行动"子项目,全市正式启动畜禽养殖粪污治理工作。2017 年 11 月,天津市人民政府办公厅印发《天津市加快推进畜禽养殖废弃物资源化利用工作方案》(津政办函〔2017〕124 号),决定加快推进畜禽养殖粪污资源化利用工作,坚持"整市推进、农牧结合、资源循环、分类实施、环境友好"的原则,采取"源头减量、过程控制、末端利用"的治理路径,实行规模养殖场粪污单独处理与养殖密集区(散养)粪污集中处理相结合,推广应用种养结合、还田利用、有机肥加工等畜禽养殖粪污资源化利用模式和措施,同时制定和完善畜禽养殖粪污资源化利用的配套政策,建立保障畜禽养殖粪污资源化利用设施持续运行的长效机制,形成有天津特色的种养结合循环农业发展模式。此项工作的具体目标是:到 2019 年,全市规模畜禽养殖场粪污治理设施装备配套率要达到 100%,重点项目区畜禽养殖粪污资源化利用率达到 90% 以上,非重点项目区畜禽养殖粪污资源化利用率达到 75% 以上;到 2020 年,天津市畜禽养殖粪污综合利用率达到 80% 以上。

依据总体规划,天津市畜禽养殖粪污治理工作分为 3 个阶段。

第一阶段(2013—2015 年),属于畜禽养殖粪污治理试推广阶段,共实施规模化畜禽养殖场粪污治理工程 718 项,工程总投资 12.3 亿元,其中市财政资金 3.8 亿元,主要解决各区受到关注的典型规模化养殖场的粪污处理问题。

第二阶段(2016—2017 年),属于畜禽养殖粪污治理推广阶段,实施规模化畜禽养殖场粪污治理工程 797 项,总投资 3.48 亿元,其中市财政补助资金 2 亿元,主要解决各区中规模化养殖场典型的粪污处理问题,并拓展畜禽养殖粪污资源化利用的途径,试点支持有机肥加工企业的落地和生产。

第三阶段(2018—2020 年),属于畜禽养殖粪污治理收尾阶段,完成剩余规模化畜禽养殖场粪污治理工程的实施,主要解决各区中、小规模的规模化养殖场粪污治理问题,继续促进有机肥加工企业的落地,同时开展畜禽散养密集区粪污治理中心建设,推广绿色循环畜产品示范基地构建,打造种养一体、循环利用、绿色的畜牧示范场、小区、村,引进畜禽养殖粪污资源化新模式、新技术,实现天津市畜禽养殖粪污综合利用率达到 80% 以上的任务目标。

截至 2018 年 11 月底,天津市完成规模畜禽养殖粪污治理工程 2 172 项,累计建成畜禽粪便贮存设施 35.4 万 m²,各类污水贮存设施 123.8 万 m³,各级污水收集管道 590 km,硬化道路 78.1 万 m²,购置粪污治理设备 5 913 台(套)。全市规模化畜禽养殖场粪污治理设施配套率已经达到 75%,粪污资源化利用率达到 76.5%。

天津市的畜禽养殖粪污治理工作取得了重大的社会效益和环境效益。首先,畜禽养殖场的环境得到有效改善。全市治理后的规模畜禽养殖场粪便的贮存达到了防渗、防漏、防雨,污水经过贮存、处理后还田再利用,有效改善了养殖场周围的空气、土壤和水环境质量,使养殖场向更加环保的方向发展。其次,初步探索了适合天津地区的养殖场粪污治理模式。根据规模畜禽养殖场产生污水的水质、水量,按照奶牛牧场的循环利用处理模式、奶牛小区的一体化处理模式、大规模猪场深度处理模式、中等规模猪场生态治理模式和小猪场三级沉淀模式分类实施,成功探索了适合本地区养殖特点、气候环境和地理位置的不同规模养殖场的粪污治理模式。最后,畜禽养殖粪污治理工作在实施的过程中,天津大、中、小养殖场场主的环保意识不断增强,在政策的导向下广大养殖者由治理之初的“要我干”,转变成现在的“我要干”,有些理念较为先进的养殖场主动开发新的资源化利用途径,为形成具有天津特色的畜禽养殖粪污资源化利用模式添砖加瓦。

参考文献

[1]　吴娜伟,李琳. 美国畜禽养殖污染防治管理对我国的启示 [J]. 环境与可持续发展,2017,42(06):40-42.

[2]　BLECHA J, LEITNER H. Reimagining the food system, the economy, and urban life: new urban chicken-keepers in US cities[J]. Urban Geography, 2014,35(1): 86-108.

[3]　VEGOSEN L, MEGHAN F D, ELLEN S, et al. Neurologic symptoms associated with cattle farming in the agricultural health study[J]. Journal of Ocupational and Environmental Medicine, 2012, 54(10): 1253-1258.

[4]　吕文魁,王夏晖,孔源,等. 欧盟畜禽养殖环境监管政策模式对我国的启示 [J]. 环境与可持续发展,2015, 40(01): 84-86.

[5]　张晓岚,吕文魁,杨倩,等. 荷兰畜禽养殖污染防治监管经验及启发 [J]. 环境保护,2014,42(15):71-73.

[6]　WEBB J, AUDSLEY E, WILLIAMS A, et al. Can UK livestock production be configured to maintain production while meeting targets to reduce emissions of greenhouse gases and ammonia [J]. Journal of Cleaner Production,2014, 83: 204-211.

[7]　孟晓静,翟桂玉,尹旭升,等. 德国畜禽粪便的资源化利用 [J]. 当代畜牧,2012(5): 61-62.

[8]　王莹. 我国农业面源污染防治法律制度研究 [D]. 哈尔滨:东北林业大学,2011.

[9]　王阳. 长期施用化肥对土壤有机质含量及其组成的影响 [D]. 长春:吉林农业大学,2015.

[10]　宋秀杰. 我国有机肥利用现状及合理利用的技术措施 [J]. 农村生态环境,1997(2): 56-59.

[11]　邓良伟,陈子爱,袁心飞,等. 规模化猪场粪污治理工程模式与技术定位 [J]. 养猪,2008(6): 21-24.

[12]　李汪晟,彭河山,宋李思莹,等. 大中型生猪养殖场污染防治模式研究 [J]. 中国猪业,

2016（11）：24-28.

[13] 田伟,李刚,陈秋会,等. 等氮条件下化学肥料与有机肥连续大量施用下的环境风险 [J]. 生态与农村环境学报, 2017,33（5）：440-445.

[14] 汪开英,王福山,周斌,等. 畜禽粪肥对土壤和农产品重金属残留的影响 [J]. 中国畜牧杂志, 2010, 46（16）：34-37.

[15] 刘永丰,许振成,吴根义,等. 清粪方式对养猪废水中污染物迁移转化的影响 [J]. 江苏农业科学, 2012, 40（6）：318-320.

[16] 吴根义. 铁岭市规模化畜禽养殖污染防治技术指南 [M]. 北京:中国环境出版社, 2016.

[17] 张庆东,耿如林,戴晔. 规模化猪场清粪工艺比选分析 [J]. 中国畜牧兽医, 2013, 40（2）：232-235.

[18] 郑艳君. 猪肺炎的病因与防治 [J]. 养殖技术顾问, 2014（5）：109.

第3章　畜禽养殖粪污资源化利用的理论和原则

3.1　畜禽养殖粪污资源化利用的理论

畜牧业的发展最早可以追溯到公元前 8 000 年左右,家禽的养殖可追溯到公元前 3 000 年左右。我国迄今为止发现的最早的家畜骨骼是桂林甑皮岩遗址第二钙华板下层的家猪骨骼,距今约 9 000 年。种植业的发展要稍晚于畜禽养殖业。恩格斯在《家庭、私有制和国家的起源》一书中指出:"游牧部落从其余的野蛮人中分化出来,这是头一次大规模的社会分工。"可以认为,畜禽养殖业的出现,使人类从单纯依靠猎取、采集现成的自然界动植物过渡到依靠自身活动增加生活物资,控制自己的食物补给,提升了人类改造自然的能力。充足的生活物资使古人有闲暇享受精神文化生活,精神的富足又促使人类的生产力大幅提高。生产力的提升为人类的定居、家庭的组成、社会的构成和国家的建立奠定了基础,推动了整个人类社会的发展。畜禽养殖业的发生、发展就是社会进化的一个推手,自产生以来,就一直围绕人类社会的发展而发展。

3.1.1　畜禽养殖粪污资源化利用的理论基础

畜禽养殖粪污资源化利用受到自然资源、人口、社会发展等诸多因素的影响,其理论并不是突然出现的,而是根据时代的不同逐渐变化的,其发展阶段总体可以分为传统农业期、石油农业期和现代农业期。

1. 传统农业期

关于畜禽粪便的利用,早在战国时期就已经有了明确的记载。老子《道德经》第四十六章:"天下有道,却走马以粪;天下无道,戎马生于郊。"其中"走马以粪"的"粪"代表肥料(也有译为耕种的,但不离农业),说明中国很早就将粪与肥关联起来。《韩非子·解老》中也强调:"上不事马于战斗逐北,而民不以马远淫通物,所积力唯田畴。积力于田畴,必且粪灌。"《荀子·富国》中写道:"兼足天下之道在明分。掩地表亩,刺草殖谷,多粪肥田,是农夫众庶之事也。"诸子百家的言论反映出战国时期畜禽粪便作为肥料已经是非常普遍的事情,而且与人民安居、国家兴旺、大道推行息息相关。

在古代,不但"畜禽粪便是肥料"的思想深入人心,而且因畜禽粪便、人居垃圾引起的环境污染问题也很早就被重视,甚至被列入律法。在商鞅制定的秦律中规定:"弃灰于道者被刑。"《盐铁论·刑法篇》中也提出"商君刑弃灰于道"。秦朝以后,由于严格的管制和小农经济的发展,畜禽粪便作为肥料成为人们的共识,这使得中国传统农业长久发展,为中华民族屹立于世界民族之林打下了坚实的基础。

时至明清,中国的人口较之前大为增加,社会生产力进一步提高,不但引发了资本主义萌芽,更在太湖地区掀起了一股生态循环、种养结合的发展热潮。根据明清时期太湖地区的地方志、农书等史料的记载,当时的农业生态系统已经形成了一定规模,并产生了可观的经济效益。明代《沈氏农书·运田地法》说:"种田地,肥壅最为要紧。人粪力旺,牛粪力长,不可偏废。租窖乃根本之事,但近来粪价贵……"古人云:"租田不养猪,秀才不读书,必无成功。""猪专吃糟麦,则烧酒又获赢息。有盈无亏,白落肥壅,又省载取人工,何不为也!"明代袁黄在《宝坻劝农书》中写道:"北方猪羊皆散放,弃粪不收,殊为可惜。"清代的《马首农言》也写道:"豕不可放于街衢,亦不可常在牢中。宜于近牢之地,掘地为坎,令其自能上下,或由牢而入坎,或由坎而入牢。豕本水畜,喜湿而恶燥;坎内常泼水添土,久之自成粪也。"以上古人对于畜禽养殖粪污的综合利用、循环利用的表述都体现了我国古时重农、兴农的思想,是目前国际上所谓"循环农业""生态农业"的典型先例,是畜禽养殖粪污资源化利用的理论基础。

2. 石油农业期

石油农业是工业革命的产物,是社会生产力大幅提高后农业发展的必经之路。石油农业通过机械化、水利化、化学化和电气化等手段,打破了传统农业"靠天吃饭"的生产模式,通过化肥、农药控制作物的生长环境,通过使用机械加快耕地、收割、施肥、打药等农作物生产流程,通过种子杂交技术筛选所需性状的作物。石油农业为社会提供了丰富的农产品,也为工业部门打通了与农业的连接通道。畜禽养殖业作为农业的主要组成部分也享受到石油农业的红利,主要表现在饲料加工成本逐渐降低,饲养规模逐步扩大,单位饲养成本越来越低,人们开始重视料肉比、蛋白含量等指标,畜禽养殖走上了标准化的道路。

但经过几十年的发展,石油农业逐渐表现出它自身存在的巨大弊端,主要体现在以下几点。

1)前期的利益不足以弥补后续增加的农业生产成本。石油农业的根基之一是工业化产品(如农药、化肥等),但化肥、农药的连年大量使用,打破了土壤本身的物质循环体系,导致土壤肥力逐年下降。而为了保证作物产量,农民只能进一步加大农药、化肥的用量。同时,自古"面朝黄土背朝天"的农业工作者难以回到原先繁重的生产模式中去,其对粪肥的需求降低进一步导致土壤的恶化。

2)农业造成的环境污染逐步加剧。由于化肥的使用,我国土壤的流失情况严重,同时流失的化肥也导致地下水体和地表径流的污染。2015年前后,我国七大水系一半以上的河流受到污染,人口较为密集的太湖、滇池等湖泊污染严重,甚至影响到周边居民的饮水。

3)农业生态问题严重。种植种类的趋同化减少了作物遗传的多样性,给农业生产造成了极大的隐患。同时农药的大量使用也导致原先丰富的农业生态系统受到破坏,生物多样性大大降低。

畜禽养殖业同样受到石油农业的影响,主要体现在以下两点。

1)畜禽养殖粪污集中。随着饲料品种的丰富和产量的提升,原先小而散的畜禽养殖模式逐渐消失,畜禽养殖产业逐渐向集约化、规模化方向发展,与此同时大量的粪污被集中起来。2015 年的数据显示,全国畜禽养殖粪污年产生量约为 38 亿 t。2010 年《第一次全国污染源普查公报》显示,畜禽养殖业排放的化学需氧量达到 1 268.26 万 t,占农业源排放总量的 96%;总氮和总磷排放量为 102.48 万 t 和 16.04 万 t,分别占农业源排放总量的 38% 和 56%。畜禽养殖粪污成为农业面源污染的主要来源。

2)种养脱节情况严重。当畜禽养殖业逐渐走向集约化、规模化的道路后,种养主体也逐渐脱离开来,从经济学的角度看,这是一种减小风险的防控手段。但这也导致了后续种地人不养殖、养殖人不种地的现象,再想将种、养组合到一起,经济、劳动力、生产资料投入等问题就成了障碍。

3. 现代农业期

现代农业是人们基于对石油农业的反思,力图打破石油农业单链条而形成的新型农业。1962 年美国科普作家蕾切尔·卡逊出版了一本著名的科普读物——《寂静的春天》,书中描写了人们过度使用化学药品和肥料而导致环境污染、生态破坏,最终给人类带来不堪重负的灾难,揭示了石油农业“投入—产品”这一生产系统对自然生态系统造成的巨大破坏。同年,美国经济学家波尔丁提出了“宇宙飞船理论”,指出:“地球就像一艘在太空中飞行的宇宙飞船,要靠不断消耗自身有限的资源而生存,如果不合理开发资源,肆意破坏环境,就会走向毁灭。”1972 年,罗马俱乐部发表了名为《增长的极限》的报告,指出若继续维持现有的发展情况, 100 年后经济增长将会因资源短缺和环境污染而停滞。20 世纪 70 年代后,许多国家开始发展生态农业,特别是欧盟国家开始大力发展有机农业、生态农业,禁用化肥、农药。

经过半个世纪的讨论与实践,现代农业形成了以“投入—产品—废弃物—投入”为主的生产模式,它是健康农业、有机农业、绿色农业、循环农业、再生农业、观光农业互相协作的可持续农业,是以田园综合体和新型城镇化为主的新时代农业,是实现农业、农村、农民现代化的现代化农业。

在这个过程中,畜禽养殖粪污产生的污染从 20 世纪 70 年代在国外开始得到重视,从 20 世纪 90 年代在中国开始得到重视。畜禽养殖粪污的治理可以分为 3 个阶段。第一阶段,以示范为主,先做小规模试验,在国内主要是 20 世纪 90 年代至 2000 年期间。在这个阶段发展经济仍是各养殖场的唯一目标,大量中小型养殖场建立起来,环境受到影响。第二阶段以达标排放为主,但抓大放小,大部分中小型养殖场的粪污仍旧采用直接排放粪污的形式,但部分大型养殖场已经逐渐重视畜禽养殖粪污带来的环境问题,并开始寻求解决方法,但迫于环保压力,主要采用的还是达标排放的模式。该阶段主要是 2000 年至 2014 年期间。第三阶段是种养结合、全面管理阶段。2014 年,在我国《畜禽规模养殖污染防治条例》正式施行后,各类型养殖场都开始重视环保问题,而畜禽养殖粪污的治理方向也由原来的达标排放逐渐转为种养结合,同时由于土壤问题频现,国家“一控两减三基本”的理念成型,要求使用粪肥部分取代化肥,畜禽养殖粪污的资源化利用已经成为主流。

3.1.2 畜禽养殖粪污资源化利用的主要理论

1. 循环农业理论

畜禽养殖粪污资源化利用的核心理论就是循环农业理论,其诞生于全球资源短缺、人口过度增长、环境严重破坏的严峻形势下。循环农业理论倡导农业经济系统与生态环境系统相互协调、相互依存的发展战略,把农业经济增长建立在对 GDP 增长、集约化、结构优化、人口规模、环境意识、环境文化等经济社会指标与生物多样性、土地承载力、环境质量、生态资源数量与质量等生态系统指标进行综合分析、合理规划的基础上,遵循"减量化(Reduce)、再使用(Reuse)、再循环(Recycle)"3R 行动原则,以低消耗、低排放、高效率为基本特征,要求把经济活动组织成一个"资源—产品—再生资源"的闭合循环式流程;利用生物与生物、生物与环境、环境与环境之间的能量和物质的联系建立起整体功能和有序结构,实现整体经济社会的循环经济模式,并实现经济、社会与生态效益的有机统一。畜禽养殖粪污的资源化利用即是贯彻"资源—产品—再生资源"这个闭合循环式流程的产物,摒弃原有"投入—产品"的单链条理念,将畜禽养殖粪污转化为与投入品相关的再生资源,从而减少资源的消耗,实现健康发展和环境友好型的生态农业。

2. 农业生态学理论

农业生态学是生态学在农业上的分支,是研究农业生物(包括农业植物、动物和微生物)与农业环境之间的关系及其作用机理和变化规律的学科,其基本任务是协调农业生物与生物、农业生物与环境之间的关系,维护农业生态平衡,促进农业生态与经济良性循环,实现"三大效益"(经济效益、社会效益和生态效益)同步增长,确保农业可持续发展。畜禽养殖粪污资源化利用调配了"种"–"养"两种农业生态系统间物质的流动,改变了以往种养物质单循环的现象,使粪污创造出新的使用价值。而从使用方式上,畜禽养殖粪污资源化利用又可以分为"种 – 养""养 – 养""养 – 能源 – 种"等多种模式,但究其根本,是利用农业生态学理论,调配不同生物之间、不同生物与环境的关系,构建社会、经济和生态效益相协调的农业生产系统。

3. 农业可持续发展理论

石油农业的发展使人类在农业生产方面取得了长足进步,农业生产效率大大提高,粮食产量大幅增加,在很大程度上满足了人口增长的需求,但同时也带来了农业环境污染、生态环境恶化、农业资源枯竭等问题。1987 年在日本东京召开的世界环境与发展委员会第八次会议通过《我们共同的未来》报告,第一次提出"可持续发展"的明确定义,即"在满足当代人需要的同时,不损害后代人满足其自身需要的能力"。而可持续发展农业指采取某种合理使用和维护自然资源的方式,实行技术变革和机制性改革,以确保当代人类及其后代对农产品的需求并可以持续发展的农业系统。畜禽养殖粪污在使用恰当的情况下是优秀的肥料资源,但若未经处理、利用则是一类数量大、浓度高的污染物,对生态环境的破坏力较强。同时,化肥、农药将大量有机物质挤离了农业系统,形成了一个怪圈——畜禽养殖粪污的有机物质进不来,同时土壤的养分又在大量流失,两个产业都失去了可持续发展的基础。因此,畜禽养殖粪污资源化利用是农业可持续发展的重要组成部分。

4. 资源经济学理论

资源经济学认为,不存在单纯意义上的废弃物,对于不同的生产者或消费者而言,废弃物和生产资料的定义是可以相互转换的,即一个行业的废弃物对于另外一个行业而言是一种资源。畜禽养殖粪污的属性就是这样的,对于养殖业而言,其是一种废弃物,但是对于肥料、能源等行业而言,其是生产资料,是有使用价值的。资源经济学理论是畜禽养殖粪污资源化得以实施的重要理论依据,单纯地依靠政府投入来解决问题是不现实的,需要集合社会的力量、资本的力量,使其成为一种产业,推动相关技术的发展,实现整个产业的进步。

5. 系统论理论

系统论理论以整个人类社会为研究对象,从全局出发来考虑局部,通过组织协调系统内部各要素的活动,处理好整体与各个局部之间的关系,使各要素为实现整体功能(各要素在孤立状态时没有的性质)发挥适当作用,以实现系统整体目标最优化。在畜禽养殖粪污资源化利用方面,系统论为粪污资源化的顺利实施打通了"最后一公里"。因为从畜禽养殖粪污资源化利用的角度,种植用地、有机肥厂等可能并不属于养殖场,但政府可以从全区域的角度进行系统考虑,加强养殖场与种植大户、有机肥厂的衔接,并对产品进行适当的补贴,以促进畜禽养殖粪污的资源化利用。从国家层面,政府不断推广整县制、整区制乃至整市制的畜禽养殖粪污资源化利用政策,就是从系统论的角度统筹规划,实现农业的增值。

3.2　畜禽养殖粪污资源化利用的基本原则

3.2.1　政策原则

2017 年,《农业部关于印发〈畜禽粪污资源化利用行动方案(2017—2020 年)〉的通知》中指出,要全面贯彻党的十八大和十八届三中、四中、五中、六中全会精神,深入贯彻习近平总书记系列重要讲话精神和治国理政新理念、新思想、新战略,认真落实党中央、国务院决策部署,统筹推进"五位一体"总体布局和协调推进"四个全面"战略布局,牢固树立和贯彻落实创新、协调、绿色、开放、共享的发展理念,坚持保供给与保环境并重,坚持政府支持、企业主体、市场化运作的方针,并从政策层面提出了畜禽粪污资源化利用的基本原则。

1)坚持统筹兼顾。准确把握我国农业农村经济发展的阶段性特点,根据资源环境承载能力和产业发展基础,统筹考虑畜牧业生产发展、粪污资源化利用和农牧民增收等重要任务,把握好工作的节奏和力度,积极作为、协同推进,促进畜牧业生产与环境保护和谐发展。

2)坚持整县推进。以畜牧大县为重点,加大政策扶持力度,积极探索整县推进模式。严格落实地方政府属地管理责任和规模养殖场主体责任,统筹县域内种养业布局,制定种养循环发展规划,培育第三方处理企业和社会化服务组织,全面推进区域内畜禽粪污治理。

3)坚持重点突破。以畜禽规模养殖场为重点,突出生猪、奶牛、肉牛三大畜种,指导老场改造升级,对新场严格规范管理,鼓励养殖密集区对粪污进行集中处理,推进种养结合、农牧循环发展。

4）坚持分类指导。根据不同区域资源环境的特点,结合不同规模、不同畜种养殖场的粪污产生情况,因地制宜地推广经济适用的粪污资源化利用模式,做到可持续运行。根据粪污消纳用地的作物和土壤特性,推广便捷高效的有机肥利用技术和装备,做到粪污科学还田利用。

3.2.2　技术原则

从客观角度来说,畜禽养殖粪污是畜禽养殖业尤其是规模化养殖场的必然产物,畜禽养殖粪污的资源化利用在技术上需要满足《畜禽粪便还田技术规范》(GB/T 25246—2010)、《沼肥施用技术规范》(NY/T 2065—2011)的相关要求,同时遵循以下技术原则。

1. 减量化原则

减量化指在畜禽养殖过程中减少进入粪污环节的粪便和污水。实际操作中,如改进猪舍饮水系统、改一般冲舍为高压水枪冲舍、改进奶牛场喷淋系统、实行奶厅污水分类收集、采用鸡舍传送带清粪工艺等,均属于从场区源头减少粪污总量;又如提升畜禽对饲料的消化率、添加微生物菌剂增强畜禽消化能力等,属于饲喂角度的减量化措施。在粪污的运输过程中存在可减量化的环节,如奶牛粪污在输运时因粪便黏稠需要加水稀释,如改用沼液回冲,即可减少清水加入,实现减量化。

2. 无害化原则

无害化指在收集、运输、贮存、处理、处置畜禽粪污的全过程中,减少甚至避免畜禽养殖粪污对环境和人体健康造成的不利影响。畜禽养殖粪污是畜禽的排泄物,臭气的问题难以回避,有的粪污还会携带病原菌和有害微生物。同时畜禽养殖粪污在长期堆放后会厌氧自发酵,产生甲烷、硫化氢、氨气等危险气体,甲烷在积累到一定程度时遇明火易发生爆炸。而在运输和贮存的过程中,粪污的跑、冒、滴、漏同样会对环境造成严重影响。无害化要求畜禽养殖粪污的收集和运输环节尽量选择封闭环境,贮存和处理环节重视设备、设施的稳定性,维护和维修设备、设施时重视人员安全,并提出预防方案。对于第三方畜禽养殖粪污资源化利用中心或有机肥厂,还需要考虑来往多个养殖场的疫病防控问题。

3. 资源化原则

资源化指将畜禽养殖粪污直接作为原料进行利用或对畜禽养殖粪污进行再生利用。资源化的重点是从根本上改变人们认为畜禽养殖粪污是污染的观念,从资源、燃料、肥料、昆虫饲料、菌类基质的角度看待畜禽养殖粪污。特别是在早期治理畜禽养殖粪污时,很多养殖场选择了达标排放模式,投入了大量资金和精力,却没有产生相应的效果,还增加了巨额的运行费用。而从种植业的角度来看,随意处理畜禽养殖粪污是一种浪费,其中大量的氮、磷、钾、生长激素、维生素被处理掉,没有回到原先的生态系统中去,使生态系统循环断裂了,其结果是"双输"的。因此,资源化原则是畜禽养殖粪污治理的核心原则。

4. 因地制宜原则

畜禽养殖粪污资源化利用的模式与技术经过不断实践和总结,已经形成了相对完善的模板,但在具体操作过程中,各养殖场还要根据自己的实际情况,在合适的环节选择合适的技术,不能生搬硬套,要形成适合自己的科学的技术和模式。

3.3　畜禽养殖粪污资源化利用的方式和途径

畜禽养殖粪污资源化利用的方式和途径众多,但根据主要技术路线,可以将其分为以下 3 种途径。

1. 肥料化

对畜禽养殖粪污进行肥料化利用是一种非常传统的利用方式,主要分为直接利用和加工利用两种方式。直接利用是最简单的方式,即粪污被直接撒入土壤中,通过土壤微生物群落、原生生物的作用,缓慢分解和释放各种营养成分,供作物吸收。在这个过程中,粪污中的有机质、腐殖酸、微量元素等物质为微生物、原生生物提供必要的营养,在一定程度上改良了土壤结构,增加了土壤肥力,恢复了土壤活力,进而促进了作物生长。但直接利用粪污有一定的弊端:首先是人工耗费多、时间长;其次是肥效缓慢,遇雨水容易流失;最后是未经处理的畜禽养殖粪污的生物安全性不佳,容易导致烧苗、烂根、致病等情况的发生。加工利用指畜禽养殖粪污在经过堆沤腐熟、强制发酵等处理措施后,形成性能稳定、肥力较好的有机肥料。加工利用通常分为固体好氧发酵和液体厌氧发酵两种方式,其中固体好氧发酵时间短、工业化程度高,成品无异味,是优良的有机肥料;液体厌氧发酵主要指畜禽养殖粪污经长时间贮存后自然熟化,成为液体肥料。我国也有通过浓缩开发液态肥的技术,液态肥在园林绿化和蔬菜大棚上取得了良好的应用效果。

2. 能源化

畜禽养殖粪污能源化最早可以追溯到农村的户用沼气推广阶段。我国农村沼气池数量位居世界第一,在厌氧消化技术、沼气池建造和运行管理方面整体上位于国际先进行列。能源化属于畜禽养殖粪污的高值利用,粪污通过甲烷菌的作用产生沼气供养殖场使用。沼气是一种清洁、高效的可再生能源,以沼气为纽带开展粪污综合利用,加快农业生产结构调整,可以提高农产品的质量和效益,增加农民收入,使农民尽快脱贫致富。我国能源矛盾日益突出,而解决我国能源矛盾的根本出路只能是建设节约型社会。畜禽养殖粪污作为良好的沼气生产源,可以为养殖场节省大量能源成本。但需要注意的是,粪污能源化需要根据养殖场的实际情况开展,尤其是北方地区,维持沼气设备冬季的稳定运行是实现畜禽养殖粪污能源化的关键环节。同时,如果养殖场的能源化需求并不是特别强烈,过度地推广沼气工程反而会造成沼气白白浪费。

3. 基质化

畜禽养殖粪污的基质化主要针对奶牛粪便和禽类粪便,分为生物转化基质和栽培基质两类。生物转化基质指利用生物转化的方法解决粪便的污染问题,变废为宝。其中最常见的是用牛粪饲养蚯蚓,通过蚯蚓改善牛粪的通水性和透气性,同时生产蚯蚓粪和蚓体蛋白。其他的还有用牛粪饲养金龟子、用牛粪和鸡粪饲养蝇蛆、用鸡粪饲养黑水虻、用牛粪饲养蜗牛等技术,都将粪便转化为高质量蛋白,这都是粪便高值转化的典型模式。而作为栽培基质的一般是牛粪,现阶段已经有用牛粪栽培烟草、食用菌和牧草苗等的相关技术,应用最多的是牛粪与木屑等结合作为双孢菇、鸡腿菇等食用菌的培养基质,取得了良好的经济效益和环境效益。

3.4　畜禽养殖粪污资源化利用的主要措施

随着我国畜禽规模化养殖的快速发展,养殖场粪污的无害化处理和资源化利用对减轻环境压力有着非常重要的意义。不恰当地处理畜禽粪污会造成环境污染,科学地处理畜禽粪污可以使它们变成有利于农作物生长的肥料,在农业生产中发挥作用。根据国务院办公厅印发的《关于加快推进畜禽养殖废弃物资源化利用的意见》的要求,本着"减量化、无害化、资源化"的原则,对畜禽养殖粪污进行资源化利用,不但可以变废为宝,还可以减轻畜禽养殖场对环境的污染。畜禽粪便含有大量的有机物、矿物质元素、腐殖物质以及其他营养物质,经无害化处理可以将其中的病原微生物、寄生虫、虫卵等杀灭,然后发酵作为肥料使用,可以提高土壤的肥力和保水性。而畜禽养殖场污水经净化后可以冲洗畜舍,还可以作为农业和渔业用水,从而节省开支,提高畜禽养殖的经济效益。

3.4.1　政策措施

1. 加强对环境保护的宣传

政府部门要加强环境保护宣传,培养养殖户的环保意识,指导从业者在养殖时进行污染治理,进一步规范养殖户的养殖生产条件,促进养殖产业的健康发展。

2. 加强对养殖场的监督和规范

政府相关部门要对养殖场进行严格的监督,对一些不符合条件的养殖场(如处理粪污的设施没有达到相应的标准、养殖环境脏等)不颁发相关证书。对于已经存在的养殖场,要定期对养殖环境和粪污治理设备进行检查,不符合规定的要让其整改;对一些违反法律法规的养殖场要进行严格处理。

3. 加强主管部门的责任意识

让责任落到实处,把指标纳入考核。明确责任是抓好工作落实的前提,也是关键。推进畜禽养殖废弃物资源化利用,把地方政府属地管理责任和规模养殖场主体责任落到实处至关重要。这两个方面的责任,对于地方政府关键在于考核。首先,要制定完善的绩效考核评价体系,将废弃物资源化利用相关核心指标纳入考核范围。其次,建立覆盖全面的考核机制。

4. 加强法制建设与实施

对于规模养殖场,依据《中华人民共和国环境保护法》《畜禽规模养殖污染防治条例》等法律法规,农业农村行政部门应配合环保部门加强执法监管,建立倒查机制,逐场进行验收,督促养殖场户建设配套的粪污治理设施,完善处理技术和工艺;通过完善环评制度,规范环评内容,把规模养殖场配套粪污消纳用地纳入环评范围,为肥料化还田利用奠定基础;严厉打击养殖废弃物偷排漏排等违法违规行为,努力实现养殖废弃物就地就近资源化利用。

5. 全力打通粪污资源化利用通道

严格过程管理,通过土地承载能力测算方法合理确定养殖规模;在管理上明确肥料化利用可以作为污染物消减来核算,建立肥料化还田利用的合法渠道;构建发展机制,坚持种养结合,使农牧循环发展,培育壮大各种形式的社会化服务组织,着力打通畜禽养殖粪污还田利用的通道。

3.4.2　技术措施

1. 粪污全量收集还田利用模式

这种方式是将畜禽养殖场产生的粪尿、污水集中收集,全部放入氧化塘内贮存,然后进行无害化处理,处理一定的时间后,在施肥季节作为肥料使用。此模式适用于猪场的水泡粪工艺和奶牛场的自动刮粪回冲工艺,并且需要与粪污产生量相配套的农田。氧化塘可分为敞开式和覆膜式两种,粪污贮存的时间一般要求达到半年以上。这种模式在粪污收集、处理、贮存等设施的建设方面成本较低,处理利用的费用也较低,可实现粪便和污水全量收集,利用率较高。但是,该模式的不足之处就是需要足够的土地来建设氧化塘,适合短距离运输,如果长距离运输费用过高。

2. 固体粪便堆肥利用模式

固体粪便堆肥模式适用于只有固体粪便、无污水产生的规模化鸡场或者羊场。固体粪便经好氧堆肥无害化处理后可作为有机肥使用。这种模式的优点是好氧发酵温度较高,粪便的无害化处理较为彻底,其中的微原微生物、寄生虫以及虫卵等可以被彻底杀灭,并且处理周期较短。其缺点是会产生大量的臭气,对空气产生污染。

3. 异位发酵床模式

异位发酵床模式是对传统的发酵床养殖技术的改进,垫料不与生猪直接接触,粪便和尿液通过漏缝进入下层垫料的发酵槽中,进行发酵分解和无害化处理,经过一段时间后即可直接作为有机肥料使用。这种模式的优点是不产生污水,处理成本较低。但是,大面积发酵床的使用较为困难,粪污处理时间也较长,不太适合寒冷地区使用,并且高架发酵床猪舍的建设成本较高。

4. 粪污专业化能源利用模式

本模式以专业生产可再生能源为目的,依托专门的畜禽养殖粪污治理企业,对周边养殖场的粪便和污水进行回收,投资建设大型的沼气工程,进行高浓度的厌氧发酵处理,用于发电或者提纯生物天然气;沼渣则可用作饲料;沼液经深度处理后可直接排放。这种模式可对粪污进行统一处理,减少小规模粪污治理场建设粪污治理设施的投资,能源利用率高。但是就目前来说,这种模式的一次性投入成本过高,还需要配套后续的处理工艺,适用于养殖密集区。

5. 污水肥料化利用模式

畜禽养殖场产生的污水经厌氧发酵或者经氧化塘贮存处理后,在农田施肥和灌溉期间可与农田用水按一定的比例混合进行水肥一体化使用。这种模式可提高农田的有机肥资源量,同时还解决了污水处理的压力,但是,该模式需要一定容积的贮存设施,周边还需要有一定面积的农田。

6. 粪便垫料回收利用模式

此模式主要适用于奶牛粪便。奶牛粪便纤维素含量高,质地松软,经氧化发酵无害化处理后可以作为牛床垫料使用,可降低污染物后续处理的难度。但是,这种模式存在无害化处理不彻底的问题,有一定的生物安全风险。

3.4.3　其他措施

1. 重视技术、模式的科学使用

通过对畜禽养殖粪污资源实际情况及利用要求的综合考虑,相关人员应对相应技术、模式的科学使用有足够的重视,确保畜禽粪污资源化利用良好。

1)加强畜禽养殖粪污全量还田模式、好氧堆肥模式、垫料利用模式、垫料发酵床养殖模式、厌氧堆肥模式等不同模式的使用,实现畜禽养殖粪污资源肥料化,满足其高效利用方面的实际要求。

2)实践中可从畜禽养殖粪污专业化能源利用模式、简易自用沼气模式、生物质肥料利用模式的科学使用等方面入手,实现畜禽养殖粪污能源化,促使这方面的资源利用效果更加显著。

3)重视对养殖人员的培训工作,并重点培训饲喂管理的内容,以及疾病防控、环境保护方面的技术,提高相关人员的饲养管理水平。

2. 建设具有我国特色的现代生态养殖模式

在我国全面深入推进生态文明建设的新形势下,农村环境保护对传统养殖业提出了更加严格的要求。国务院印发的《“十三五”生态环境保护规划》为“十三五”时期生态环境保护工作明确了“行动指南”,对畜禽养殖污染等具体问题做了相关部署。2016 年 12 月 21日,习近平总书记在中央财经领导小组第十四次会议上,专门对畜禽养殖污染做出了重要指示:“加快推进畜禽养殖废弃物处理和资源化,关系 6 亿多农村居民生产生活环境,关系农村能源革命,关系能不能不断改善土壤地力、治理好农业面源污染,是一件利国利民利长远的大好事。”党的十九大报告也明确指出,要加强农业面源污染防治,开展农村人居环境整治行动。

现代生态养殖的实质就是要探索建立符合当前规模化养殖发展趋势、符合生态文明理念和环境保护要求理念的养殖模式。因此,在推进农村生态文明建设的新形势下,在加快畜禽养殖业的转型升级和绿色发展过程中,发展现代生态养殖是必然的选择,这是确保我国畜牧业可持续发展的根本途径。

首先,在理念上,我们应坚持发展生态循环农业,促进种养结合。畜牧养殖业是一个承上启下的产业,下接种植业,上承加工业,推进现代生态养殖就要遵循因地制宜、农牧结合、种养平衡、生态循环的原则,以加快畜牧产业转型升级、推动养殖环境问题有效解决为目标,以发展畜牧循环经济为核心,充分利用农业的可再生资源,形成一个资源循环链条,大胆探索和推进。推进现代生态养殖就要坚持技术创新,通过畜牧业使整个大农业有机循环起来,这对探索农业循环经济模式具有重要意义。

其次,在养殖过程中,要从养殖源头控制畜禽摄入品,一方面,推行精准化的畜禽营养方案,降低废物排放;另一方面,从源头降低有害物质的摄入,促进畜禽废弃物的资源化利用。笔者所在实验室针对养猪业中亟待解决的饲料资源浪费和环境污染问题,围绕猪氮、磷营养代谢与调控规律,以研究资源节约与安全型畜禽饲料为切入点,通过新研究方法的建立,对饲料中氮(氨基酸)、磷和矿物元素的代谢规律进行研究,并开发出具有抗生素功能的饲料添加剂,从而建立了资源节约与安全型畜禽饲料养殖新体系,旨在从根本上解决畜禽养殖资源浪费和对环境所造成的污染问题。在满足生猪养殖营养需求量的情况下,在研究饲用抗生素替代、微量元素吸收与分布规律的基础上,合理降低饲料中抗生素的应用和金属元素的含量,开展养殖业低排放日粮配制研究,促进节"源"减排,是一项具有重大生态和社会效益的工程,这将从源头降低废弃物中有害物质的含量。

生态养殖和种养结合生产模式有利于保持生态平衡,提供有机肥料,缓解集约化、规模化养殖带来的环境问题,实现农业可持续发展。

参考文献

[1]　王瑞,魏源送. 畜禽粪便中残留四环素类抗生素和重金属的污染特征及其控制 [J]. 农业环境科学学报,2013,32(9):1705-1719.

[2]　贾武霞,文炯,许望龙,等. 中国部分城市畜禽粪便中重金属含量及形态分布 [J]. 农业环境科学学报,2016,35(4):764-773.

第4章　规模化畜禽养殖粪污的收集与贮存处理技术

4.1　概述

　　规模化畜禽养殖粪污资源化利用与养殖场的粪污收集方式、贮存方式和处理方式有着密切的关系。不同的收集方式导致畜禽养殖粪污的污染物浓度、总排放量有所差异。如最基础的干清粪模式与最常见的水冲粪模式进行对比,两者的粪污总量最大可达到将近5倍的差距。贮存方式则体现了畜禽养殖粪污资源化利用的无害化要求,至少应达到防雨、防渗、防漏的"三防"要求。处理方式决定了粪污资源化利用的后续模式,尤其是关于能源化、肥料化、基质化的技术选择。本章将梳理天津市规模化畜禽养殖场粪污的收集与贮存处理技术,为养殖场选择处理模式提供依据。

4.2　规模化生猪养殖粪污的收集与贮存处理技术

　　生猪养殖过程中粪污的安全高效收集和贮存关系到养殖场整体的环境卫生,是减少粪水中有机质流失的重要环节,对养殖场的粪污减量、恶臭控制和可降解有机质的保存起到至关重要的作用。不同的养殖工艺所需要的粪污收集和贮存技术存在显著的差别,实现养殖过程中的粪污减量和有效收纳是保持养殖场环境卫生、减少粪污营养流失、促进粪污高效处理和资源化再生利用的关键环节。

4.2.1　生猪粪污收集工艺

　　对应于不同的养殖工艺,粪污收集工艺大致可以分为干清粪工艺、尿泡粪工艺、水冲粪工艺、发酵床工艺和源头分离工艺五大类。

4.2.1.1　干清粪工艺

　　干清粪工艺是养猪场最为传统、应用最多的一种粪污收集工艺。该工艺能够及时有效地清除畜舍内的粪便和尿液,保持畜舍的环境卫生。经过不断改进,该工艺已经由最早的人工清粪逐步过渡到机械刮板清粪。主要的收集方法是,粪污一经产生,粪便由人工或机械刮板收集、清运,尿液和冲洗水则从预留的下水道分流排走,固液分别收集,单独处理。

　　1)主要结构。采用机械刮板清粪的养猪场,其清粪方式又分地上式和地下式两种。地上式清粪是将刮板安装在舍内地面,地面设定1%~2%的坡度,刮板由低到高将粪便平推到猪舍一侧的粪便暂存池或集污池,等待下一步转运;地下式清粪则采用漏粪地板,粪便和尿液在重力作用下经漏粪地板落入粪池,粪池中预装的刮粪板将粪污推送到圈舍一侧的地下集污池中,再通过管道或吸粪车转运。

2)优缺点。干清粪工艺的特点是即产即清,粪污在舍内的停留期短,不会发酵,产生的氨气较少,有利于粪污中营养的保存。缺点是人工清粪方式需要较多的劳动力投入,机械刮板方式需要定期人工水洗地面,而与漏粪地板相结合的方式,粪便下漏不彻底,需要配合少量人工定时清扫。由于用水量少,所以后期的粪污治理成本较低,是目前最为推荐使用的一种猪场清粪工艺。

3)适用范围。人工清粪方式可以充分利用农村的劳动力资源,减少水电开支,适合欠发达地区的中小规模养殖场;而机械刮板清粪方式则可以节省人工,更适合人力成本较高的大中型规模养殖场应用。

干清粪工艺规模化养殖场见图4-1。

图4-1　干清粪工艺规模化养殖场(组图)

4.2.1.2　尿泡粪工艺

尿泡粪工艺也叫水泡粪工艺,能够定时有效地清除畜舍内的粪便、尿液,减少粪污清理过程中的劳动力投入,减少冲洗用水,提高养殖场的自动化管理水平。

1)主要结构。粪污收集池建设在猪舍地板的正下方,猪舍地板全部采用漏粪地板,猪产排的粪尿和少量冲洗水全部落入粪污收集池,池内安装有虹吸式排粪管道,一般每1~3个月打开截门排粪一次,粪便、尿液和冲洗水组成的粪污通过管道直接输送到舍外的粪污收集池,再通过暗管转运到远端的集污池等待处理。

2)优缺点。该工艺最大的优点是:减少了人工的投入,粪污不需要天天清,一般清理周期为1~3个月;粪污的转运也完全依靠管道,仅需要1名开关阀门和检修的管理人员即可满足粪污的收集和转运工作,也不需要刮板等机械设备的投入。缺点是:粪污在舍内的滞留时间太长,在舍内就开始发酵,会产生大量的氨气、二氧化碳、硫化氢等有害气体,需要配套先进的新风设备才能保证舍内的空气质量,排到舍外的有害气体对环境污染较大,有条件的养殖场还需要增配臭气控制装置;粪尿不能有效分离,粪污有机质浓度高,处理难度大,处理设备的工程规模大,投资和运行成本高。

3)适用范围。一般自动化程度较高的大型或超大型规模化猪场多采用此工艺,就粪污治理而言,不推荐使用本工艺。

尿泡粪工艺规模化养殖场见图4-2。

图 4-2 尿泡粪工艺规模化养殖场(组图)

4.2.1.3 水冲粪工艺

水冲粪工艺是我国自 20 世纪 80 年代引进规模化养殖技术和管理方法时开始采用的主要清粪工艺。该工艺能够即时有效地清除舍内的粪便、尿液,保持舍内环境卫生,减少粪污清理和转运过程中的劳动力投入,提高养殖场的自动化水平。

1)主要结构。水冲粪工艺是将舍内产生的粪尿通过水冲的方式从圈舍的一侧冲向另一侧的粪污收集沟,地面有 1%~2% 的坡度,每天多次冲洗,粪污由收集沟收集后转运至末端的集污池统一收纳,再由后续的粪污治理设施集中处理。

2)优缺点。该工艺的优点是人工投入少,容易实现自动化管理。粪污由饲养管理员使用清洁水定时冲洗,用大量的水冲来代替干清粪工艺中的人工和机械清粪,粪便和尿液在舍内的滞留时间短,不易形成有害气体,不需要配套刮板等机械设备,粪污收集设备投入少。缺点是:需要使用大量的清洁水来冲洗粪污,使得污水量成倍增加;所有的粪便也汇入污水中,污水中有机质浓度高,处理难度大;污水处理设施建设和运行成本高,需要建设超大规模的污水贮存池来贮存粪污;形成的大量污水消纳难,占地面积大,对养殖场外的整体环境构成污染风险;开放式贮存池臭气控制难。该工艺由于自身的缺陷,不适合在我国的绝大部分区域,尤其是土地资源紧缺的经济发达区域采用。

3)适用范围。该工艺适合水资源充足,且拥有大面积粪污消纳农田的农业生产区使用,目前不适合在我国进行大范围推广。

水冲粪工艺规模化养殖场见图 4-3。

图 4-3　水冲粪工艺规模化养殖场（组图）

4.2.1.4　发酵床工艺

发酵床工艺是近些年发展起来的一种养殖及粪污收集工艺,是利用微生物学、生态学和发酵工程学原理,结合现代微生物发酵处理技术提出的一种环保、安全、有效的生态养殖工艺。它能够实现养猪无污染、无臭气,是集养猪学、营养学、环境微生物学、土肥学于一体的良性生态养殖工艺,是工厂化养猪过程中发展的一种新型养猪模式。发酵床一般分为地下发酵床、地上发酵床和半地上发酵床 3 种类型。地下发酵床要求自地面向下砌筑 50~100 cm 深坑,然后铺垫料(锯末、木屑、谷壳、棉籽壳粉、稻壳、棉秆粉、花生壳粉、水稻小麦秸秆粉等)、微生物菌种并喷施一定量水分调节干湿度,搅拌均匀,再将牲畜放入即可进行正常养殖。养殖过程中所有的猪粪尿都在垫料中收集和降解,一个养殖周期后,垫料作为肥料转运到其他地方进行有机肥料发酵处理和农用消纳。

1)主要结构。在地下水水位高的地方,可采用半地上或地上发酵床。发酵床在地面或半地下砌成,做好防水处理,再填入已经混合好的垫料即可。在使用过程中,要尽量避免饮水流入发酵床,要铺设导流水槽;保持圈舍通风良好(上有天窗,下有地窗),地窗设在距离发酵床表面 20 cm 处,窗口尺寸一般为 40 cm × 70 cm。通风的方法有 3 种,一是靠门窗水平通风,二是用机械强制通风,三是利用天窗和地窗形成的循环气流通风。

2)优缺点。发酵床由于质地松软,清洁卫生,很适合体重较轻的仔猪饲养,但是对于体重较大的种母猪或种公猪则不建议使用,容易发生猪只足关节受损情况。发酵床养殖工艺具有"五省、四提、三无、两增、一少、零排放"的优点。"五省",即省水、省工、省料、省药、省电。"四提"即提高猪肉品质、提高生猪抵抗力、提前出栏、提高肉料比。"三无"即无臭味、无蝇蛆、无环境污染。"两增"即增加经济效益,增加生态效益。"一少"即减少猪肉药物残留。"零排放"即猪粪尿全部在猪舍内降解,没有污水和粪便向外排放。缺点是床体需要使用大量的垫料,对于缺少垫料供给的养殖区不建议采用该模式。

3)适用范围。该工艺适合以销售仔猪为主的种猪场和一般育肥场,不适合体形较大的种公猪和种母猪的饲养,对于缺乏垫料供给的养殖场也不适合。

原位发酵床粪污收集工艺见图 4-4。

图 4-4　原位发酵床粪污收集工艺（组图）

4.2.1.5　源头分离工艺

源头分离工艺是针对现有工艺无法实现舍内粪尿分离、后继处理难度大的一种新型粪污分离工艺,具备原位分离和快速分离的特点。其工作原理为利用具有相分离功能的带式输送系统,实现粪污的舍内高效即时分离(干粪、尿液源头过滤式分离,有效分离率不小于95%,分离时间小于 1 min)、分类收集和快速收运(粪污在舍区的停留时间小于 30 min)。本工艺采用气刀、高压均流喷嘴和电动刷辊清洗器定期对分离输送带进行再生作业,维持分离效率,同时节约冲洗工艺水用量。

1)主要结构。在养殖舍围栏内约 1/3 的地面上布置统一的漏粪地板,在漏粪地板下布置起主要粪污分离和收运作用的分离输送机。粪污由漏粪地板落入分离输送机的滤带表面,进行重力式固液分离,最大限度地降低固液共存导致的分离困难,分离后保留在滤带表面的干粪在动力辊旋转动力的驱动下,被输送到养殖舍的尾端,再由刮粪板刮落到螺旋输送机,统一输送到舍外的干粪料斗进行封闭式暂存和后续资源化利用。透过滤带的猪尿则由分离输送机底部的导料槽送入一侧管道,靠重力输送到舍外的集尿池。工艺冲洗水与猪尿采用相同的输送方式,通过舍内末端的切换阀进行分时段切换,起到分别收集的目的。

2)优缺点。源头分离工艺通过全自动的粪污实时分离、收运过程和全封闭的配套转运设备有效杜绝清粪环节中的人畜交叉感染和蚊虫的滋生环境,有效防疫;通过及时清运和降低收运过程对粪污的扰动,最大限度地降低气态污染物产生源基数与扩散动力,有效改善舍内的空气质量,为生猪生存、生长和生产构建良好的环境;通过源头分离工艺,实现粪、尿、水的高质分类收集,有效地使猪粪减量,同时避免宝贵的肥料成分在液相中损失;对作为液肥原料的猪尿进行独立收集;降低冲洗工艺水的粪尿含量,使水回用成为可能;有效降低粪污后续处理处置和资源化利用的难度,提高肥料的品质。与传统机械清粪工艺相比,本工艺需要更高的初期投资和养殖场技术人员更高的管理水平,小规模养殖场不建议采用该模式。

3)适用范围。该工艺适合以育肥为主的生猪养殖场或改扩建的生猪养殖场。

天津市益利来养殖有限公司源头分离技术应用现场见图 4-5。

图 4-5　天津市益利来养殖有限公司源头分离技术应用现场(组图)

4.2.2　生猪粪污贮存技术

养猪场粪污贮存技术通过对养殖粪污进行封闭式或半封闭式科学管理,保护养殖环境,减少恶臭和疫病传播,减少粪污有机营养流失,杜绝粪污中有机质降解,避免粪污降解后淋溶污染土壤及地下水,保存有机营养,避免粪污污染环境。根据物料的物理性状分类,常用的粪污贮存方式大致分为两大类:固态物料贮存和液态物料贮存。固态物料多使用堆粪棚存放,而液态物料多使用集污池、稳定塘或氧化塘来进行贮存。而在使用过程中发现,稳定塘或氧化塘多不具备防渗、防臭和防挥发功能,因此它们又演变为膜式封闭贮存池。

4.2.2.1　堆粪棚

堆粪棚,顾名思义,就是堆积和收纳动物粪便的场所,用于存放固态干粪。它是粪便在售卖和无害化处理前的一个临时转存的贮存设施。堆粪棚要求做到"四防",即防雨、防风、防渗、防漏,屋顶要做到防雨,墙面要做到防漏,地面要做到防渗,整体要做到防风。

1)主要结构。堆粪棚的结构一般为"混凝土防渗地面 + 砖混围墙 + 轻钢结构 + 阳光板"的组合形式,施工达到 S6 防水等级。堆粪棚地面要有 2%~5% 的坡度,坡底设置渗滤液收集沟,用于将猪粪堆积过程中形成的渗滤液引流至此作为污水贮存,以待后续处理。

2)优缺点。该设施适合各种规模类型的养猪场。相较于过去开放式的粪便堆积方式,堆粪棚简单实用,能够满足各种规模类型养殖场的需求,能够起到有效的防渗、防漏、防雨和防风的作用,保护养殖场及其周边的整体环境,有效遏制粪便随意堆放的现象,可显著降低养殖场粪污带给周边的恶臭影响,促进养殖场整体环境的提升。

3)适用范围。该设施适合各种规模类型的养殖场。

堆粪棚的应用见图 4-6~ 图 4-9。

图 4-6 蓟州区规模化猪场堆粪棚

图 4-7 静海区规模化猪场堆粪棚

图 4-8 宁河区规模化猪场堆粪棚

图 4-9 宝坻区规模化养殖场堆粪棚

4.2.2.2 集污池

集污池主要对养殖场的液态污染物进行收集。液态污染物主要包括尿液、渗滤液和冲洗水等,它们一般被统称为废水,以区别于固态粪便。规模化猪场,尤其是采用水冲粪收集工艺的规模化猪场会产生大量的高浓度废水,如果不对其进行有效的管理,废水会污染养殖场周边的村镇、河道、农田和地下水,同时会持续散发恶臭,严重影响人居环境和生态环境,是规模化养殖场造成环境风险的主要原因。因此,建立同时具备"四防"功能的集污池是养殖废水控制的关键。

1)主要结构。集污池从空间布局上主要受建设地选址处的地下水位和养殖场实际规划需求的影响,一般分为 3 种,即地上式、地下式和半地下式。地上式集污池施工难度小,建设成本高;地下式集污池施工难度大,建设成本较高;而半地上式集污池施工难度适中,建设成本最低。养殖场可根据自身条件和实际需求因地制宜地进行选择和建设。从选材类型上划分,集污池又分为钢筋混凝土式、底部防渗稳定塘式和土基防渗膜(囊)式。其中钢筋混凝土式集污池的投资成本最高,但使用寿命最长,占地面积最小,对于深度小于 10 m 的集污池,防渗等级要求达到 S6。底部防渗稳定塘式集污池是在土坑基础上铺设防渗膜和排气管的建设形式,投资最少,但顶部为开放式,占地面积大,无法控制废水中有机质降解后形成的氨气、硫化氢等有害气体的挥发,有一定的恶臭。土基防渗膜(囊)式集污池是在土坑基础上铺设封闭式储液囊的建设形式,该囊体一般由高密度聚乙烯(HDPE)工程膜焊接而成。该类型集污池整体投资成本较低,密封性好,其使用寿命取决于工程膜本身的寿命,需要定期更换。

2)优缺点。该设施适合各种规模类型的养猪场,能够集中收纳养殖废水,规范规模化养猪场的废水收集与管理,杜绝养殖废水与雨水的混合,降低废水产生的数量,降低废水处理的难度,为废水在农用前的贮存和周转提供了专用设施,起到养殖废水处理前的酸化和降解作用,为废水的无害化处理打下了基础,在保护环境的同时也保护了养殖场周边的人畜安全,降低了疫病传播的风险,而且设施运行维护简单,运行成本低。缺点是前期投资较大。

3)适用范围。集污池适合各种规模类型的养殖场。

3 种集污池见图 4-10~ 图 4-12。

图 4-10 钢筋混凝土式集污池(组图)

图 4-11 底部防渗稳定塘式集污池(组图)

图 4-12　土基防渗膜(囊)式集污池(组图)

4.2.3　生猪粪污治理技术

4.2.3.1　沼气发酵

猪场粪污中含有丰富的可降解有机质,通过厌氧发酵的形式可以产生大量的沼气,有沼气能源需求的养殖场可以采用该模式。调节畜禽养殖粪污发酵液总固体含量不超过 8%,在厌氧反应器的缺氧环境下,通过厌氧微生物的作用,废水中的有机质发生水解、酸化和产甲烷的反应过程,有机质转化为甲烷和二氧化碳的混合物,从废水中逸散出来,通过集中收集就形成了可供燃烧的沼气。沼气可以为养殖场提供热能和电能,满足养殖场的取暖、炊事和用电需求。

1)主要结构。沼气发酵设施主要由集污池、调节池、厌氧反应器(单级或多级)、沼液贮存池构成,产生的沼气需要脱硫、脱水设备进行净化处理后才可以使用。核心设备是厌氧反应器,目前应用最多的有 USR(升流式固体厌氧反应器)、UASB(升流式厌氧污泥床)、CSTR(全混合厌氧反应器)、PFR(塞流式反应器)、IC(内循环厌氧反应器)等。粪污被收集后在集污池进行匀质,进入调节池调浆,进入厌氧反应器进行发酵,产出沼气和沼肥,沼气进入脱硫、脱水设备处理后送往储气柜贮存,沼肥则由管道转运至沼液池贮存备用。

2)优缺点。有能源需求的养猪场可通过沼气发电或沼气直接燃烧获得电能和热能,节省猪场在能源上的支出,另外沼液和沼渣可作为肥料为农田提供有机水肥,通过管网配送可实现以粪污为纽带的种养一体化。该技术的缺点是它更适合有充足的土地可消纳沼液的养殖场,对于土地资源相对匮乏的区域,沼液的消纳又会带来新的环境风险。

3)适用范围。该技术适合有能源需求且具备沼液消纳条件的规模化养猪场。

沼气生产用厌氧反应器见图 4-13 和图 4-14,沼液肥田深施设备见图 4-15。

图 4-13　厌氧反应器 1

图 4-14　厌氧反应器 2

图 4-15　沼液肥田深施设备

4.2.3.2　有机肥转化

有机肥俗称农家肥,来源于植物或动物,由生物物质、动植物废弃物等加工而成。有机肥中不仅含有植物必需的大量元素、微量元素,还含有丰富的有机养分。有机肥是最全面的肥料,能够改良土壤,培肥地力,增加农作物的产量,提高农作物的品质,提高粪便的利用率。猪粪由于含氮量高,可降解有机质含量高等特点,是生产有机肥的优质原料,是猪场粪污转化利用的主要途径之一。

1)主要结构。有机肥转化主要由猪粪脱水、物料预混、好氧发酵、陈化、造粒、烘干、冷却、筛分、计量包装几个环节构成,其中好氧发酵是核心环节。目前的发酵方式主要有自然堆肥、条垛式堆肥、槽式发酵、滚筒式发酵、反应器式发酵、一体化高温发酵 6 类,其中应用最多的是条垛式堆肥和槽式发酵。新型的高效发酵方式主要有反应器式发酵和一体化高温发酵。

2）优缺点。有机肥转化是养猪场粪便干物质资源化高值利用的一个主要途径,是猪粪保藏、营养增值和价值增值的重要方式。各种发酵工艺各有特点。自然堆肥是我国开展粪便制肥最早采纳的方式,优点是方法简单,易操作,成本低;缺点是堆沤时间长,占地面积大,受天气影响大,有臭气和渗滤液产生,污染环境,腐熟温度低,营养流失严重等。条垛式堆肥的优点是操作简单易行,成本较低,应用广泛,尤其适用于技术条件较差的地区;缺点是堆肥占地面积较大,过程受环境温度影响较大,发酵时间长,过程控制性差,翻堆时臭味大,易对大气及周边水体造成污染。槽式堆肥的优点是操作简单易行,成本较低,应用广泛,尤其适用于技术条件较差的地区;缺点是堆肥占地面积较大,过程受气候影响较大,发酵时间长,过程控制性差,翻堆时臭味大。滚筒式堆肥的优点是自动化程度高,生产环境较好;缺点是一次性投资较大,运行费用较高。反应器式发酵的优点是自动化程度高,物料能够均匀发酵,微生物可得到很好的利用,发酵效率较高;缺点是一次性投资较大,每台设备的产能受限,大规模生产难度大。一体化高温发酵的优点是发酵速度快,占地面积小,自动化程度高,节省人工,基本无臭气排出;缺点是投资运行成本很高。

各种方式的有机肥发酵工艺及设备见图 4-16~ 图 4-20。

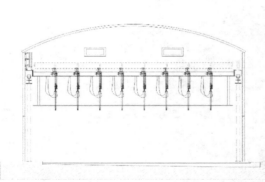

图 4-16　槽式有机肥发酵示意及设施（组图）

图 4-17　有机肥发酵翻抛设备　　　　图 4-18　反应器式有机肥发酵设备

图 4-19　有机肥造粒机包装设备　　　　　图 4-20　一体化有机肥加工设备

4.2.3.3　达标排放工艺

由于受城市化发展的影响，一些规模化养猪场的场址与后续发展起来的居民生活区或工业区相接甚至相互融合，这类养殖场已经不具备就地消纳粪污的原有条件，但粪污又不容许外排，养殖场为了生存必须选择一种能够对粪污进行达标处理的治理工艺。这类工艺一般会借鉴城镇污水处理厂的处理方式，在此基础上增加处理负荷来实现养殖废水的安全处理和排放。这类工艺设施设备的建设成本以及废水处理的运行成本都非常高昂。达标排放工艺一般在沼气工艺的基础上，对沼液进行深度处理，使其可达标排放。

1）主要结构。A/O 为厌氧好氧生物脱氮除磷工艺，A^2/O 为厌氧—缺氧—好氧生物脱氮除磷工艺达标排放工艺一般包括固液分离、调质匀浆、高效厌氧（多级厌氧）、A/O（气浮、A^2/O、多级 A/O）、稳定塘净化等几个环节。其中固液分离可将养殖废水中的固形物分离出来，降低污水中有机质的浓度；调节池可以将物料均一化，减少对厌氧反应器的负荷冲击；高效厌氧环节可以将可降解有机物由有机态转化为小分子可溶性有机态或无机态，而 A/O 和稳定塘净化这两个深度处理环节主要发挥脱氮除磷的作用。

2）优缺点。没有消纳途径的养殖场可以采用达标排放模式，以维系养殖场的生存和发展。该工艺的缺点是污水处理的投资和运行成本非常高，对养殖效益影响大。

达标排放工艺过程相关照片见图 4-21~ 图 4-24。

图 4-21　固液分离机分离固形物　　　　　图 4-22　高效厌氧发酵降解有机质

图 4-23　A/O 深度脱氮除磷　　　　　　　图 4-24　稳定塘深度脱氮除磷

4.2.3.4　异位发酵床

异位发酵床是在发酵床的基础上演化而来的。发酵床如果管理不善,会出现死床,造成舍内环境变差,影响正常养殖。异位发酵床将舍内的粪污,尤其是以干清粪方式收集得到的养殖废水通过管道输送至舍外单独建立的发酵床发酵区,通过发酵床吸收和降解猪场废水。对舍外没有动物的发酵床,可以架设翻抛设备实现对床体的自动翻抛,更有利于微生物与废水中有机质的接触,床体产生的二氧化碳和少量氨气也不会对动物产生影响,更便于对发酵床的管理。

1)主要结构。异位发酵床工艺主要包括固液分离或干清粪、管道输送废水、异位发酵床发酵几个环节。异位发酵床多为地上形式的槽式发酵床,发挥了槽式有机肥发酵的优势,可以分组发酵,更有利于对床体的管理。床体底部设置渗滤液收集沟和均布的强制通风供氧点,渗滤液与废水收集池中的废水混合后通过污水泵或泥浆泵以顶部喷洒的形式均匀地分布在发酵床顶部,废水在重力作用下下沉的过程中,有机质被微生物降解。

2)优缺点。异位发酵床集成了发酵床技术和槽式有机肥发酵的优势,具有管理方便、自动化程度高、动物安全性高等优点;缺点是发酵床移出舍内后,在寒冷地区,由于气温较低,会降低床体的发酵效率,从而引发死床,因此整体保温、充分供氧、充分搅拌和保持适度的湿度是发酵床稳定运行的关键。

异位发酵床的相关设施见图 4-25 和图 4-26。

图 4-25　江苏连云港市东海县异位发酵床(组图)

图 4-26　江苏南通市如东县异位发酵床（组图）

4.3　规模化奶牛养殖粪污的收集与贮存处理技术

规模化奶牛牧场的粪污主要源于奶牛在饲养过程中排泄出的粪便和尿液、日常饮水和夏季喷淋用水洒落地面形成的污水以及饲料、垫料残渣、泥土等，还包括挤奶车间每天冲洗挤奶设备和地面产生的各类污水（包括待挤区和挤奶厅两块区域的酸碱废液、奶液、冲洗水等）。其中，牛舍内的粪污通常产生量相对稳定，水质成分相对单一，且污染物浓度较高，通常需要机械设备集中收集和处理；而挤奶车间的污水常年产生量大，水质成分复杂，且污染物浓度较低，大多通过地下管网收集并自流至场区贮存设施。如前所述，奶牛牧场通常根据粪污类型和产生区域选择经济高效的粪污收集、贮存和处理工艺，本节根据两种主要粪污类型（固体粪污、液态污水）和产生区域（奶牛舍、挤奶车间）阐明目前天津地区规模化奶牛场常用的粪污收集、贮存与处理技术。

4.3.1　奶牛粪污收集技术

4.3.1.1　奶牛舍粪污收集技术

在生产过程中，牧场管理者往往会根据畜舍地面的结构特点、饲养方式、粪污特性（形态、含水率等）、粪污产生场所，同时结合牧场的资源条件和管理特点来选用适合自己牧场的粪污收集方式，以期营造良好的生产生活环境，实现资源分配和再利用，降低后续处理处置成本，减少氨气等有害气体排放及减少养分损失等，具体做法如下。

第一，根据畜舍地面的结构特点，如牛舍的清粪通道（以下简称"站道"）上有无导向槽的设置，牛舍中间、一端或两端尽头有无集粪沟渠的设置，相应选用道面刮粪板或"铲车干清粪 + 沟内水冲粪"等不同的粪污收集方式。

第二，根据牛群的生长阶段和饲养方式，对泌乳牛惯用的散栏卧床式和通铺垫床式，育成牛和青年牛惯用的散栏无卧床式，犊牛惯用的专门犊牛岛 / 栏 / 圈（通铺垫料）式，相应采用干清粪、干清粪 + 水冲粪、干清粪 + 通铺垫料这 3 种常用的粪污收集方式。其中，泌乳牛散栏卧床式通常采用干清粪和干清粪 + 水冲粪两种收集方式，育成牛和青年牛散栏无卧床式、犊牛岛/栏式通常采用干清粪的收集方式,犊牛圈(通铺垫料)式通常采用通铺垫料的收集方式。

第三,根据奶牛不同的粪污形态(干湿程度)选用不同的清类方式。在夏季(6—9月),尤其是雨季粪污较稀(含水率较高)时,通常采用吸粪车清粪的收集方式,其他季节粪污较干(含水率较低)时,通常采用铲车清粪的收集方式。泌乳牛粪污较稀,通常采用吸粪车或刮粪板干清的收集方式;而育成牛粪污较干,通常采用铲车干清的收集方式;特殊情况下,比如规模化奶牛牧场独栋育成牛舍中的养殖密度较高时,也会选用吸粪车或刮粪板清粪的收集方式。

第四,根据粪污产生空间的不同选用不同的方式。奶牛舍和挤奶车间是规模化奶牛牧场粪污产生的主要场所。其中挤奶车间包括待挤区和挤奶厅两个区域,挤奶厅由于挤奶装备和地面冲洗水用量大造成全年污水产生量大,而待挤区通常因为夏季(6—9月)需要喷淋降温而集中产生大量污水。粪污的收集方式直接影响粪污的产排量、后续贮存处理及利用。因此,在奶牛牧场规划设计和建设初期,对饲喂、挤奶等基本生产单元的运行环节均需要综合考虑粪污治理、利用及其最终出路问题,从而选择适合的清粪方式。天津市规模化奶牛牧场目前常用的粪污收集方式主要有3种,包括干清粪、干清粪+水冲粪、干清粪+通铺垫料方式。

1. 干清粪

现阶段,天津市规模化奶牛舍中的干清粪收集方式是指用铲车(图4-27)或吸粪车(图4-28)将采食通道和站道上的粪污直接清运至场区粪污存放位置;或者用刮粪板(图4-29)将站道上的粪污清运至牛舍尽头的集粪沟或集粪渠;饮水台、卧床、过牛通道等特殊区域采用人工辅助干清粪的方式进行作业。现阶段干清粪配套设备主要包括清粪车和刮粪板两种,清粪车包括铲车和吸粪车。

图4-27　铲车干清粪　　　　　　　　　　　　图4-28　吸粪车干清粪

图 4-29　刮粪板干清粪

2. 干清粪 + 水冲粪

干清粪 + 水冲粪（图 4-30）的组合清粪方式包括以下两个环节，即先用刮粪板或铲车将站道上的粪污清运至牛舍尽头或中间的集粪沟中，再用后继处理完毕的沼液对粪污进行稀释以便汇入舍外粪水贮存设施。

3. 干清粪 + 通铺垫料

干清粪 + 通铺垫料（图 4-31）指的是用刮粪板、铲车或吸粪车将站道上的粪污清运至舍内集粪沟或舍外集污池中，舍内其他区域为奶牛休息区（通铺垫床），粪尿短期内不排出舍外，也不进入粪污治理系统，垫料短期（2~3 年）内并不更换，到期后大多制作有机肥料外售，如武清区、宁河区、静海区的奶牛牧场均采用此种方式。

图 4-30　干清粪 + 水冲粪（组图）

图 4-31 干清粪 + 通铺垫料（组图）

上述 3 种清粪方式的主要区别表现为以下 3 个方面。

1）清粪位点不同。干清粪和干清粪 + 水冲粪这两种方式都是对舍内站道上的粪、尿、水等废弃物进行收集清运，而干清粪 + 通铺垫料则是分别针对站道和垫床这两个区域的清粪方式。

2）清粪设备不同。在这 3 种方式中，采用铲车收集干粪等含水率较低的粪污，采用吸粪车和刮粪板收集稀粪和粪水等含水率较高的粪污。

3）清粪目标和效果不同。干清粪 + 水冲粪旨在使经固液筛分后的干粪回垫卧床，使筛分后的液态粪水或者经过贮存处理后的沼液上清液调回冲粪，形成奶牛牧场内粪污治理利用内循环、自循环。采用干清粪和干清粪 + 通铺垫料方式收集的粪污最终出口通常是出售或还田利用，排出奶牛牧场形成外循环。

这 3 种清粪方式各有优缺点，如表 4-1 所示。

表 4-1 3 种常用清粪方式的优缺点

清粪方式	优势	缺点	适用牛群	季节	牧场类型	自配套农地面积
干清粪（铲车）	操作简便灵活，作业成本较低，效率高	清粪频次和时间受限，噪声大；无法实现相对及时清粪，有维护成本	后备牛群	除夏季外	中型牧场	较小
干清粪（吸粪车）	污水产生量大时清粪效果明显，作业成本较低，作业效率高	清粪频次和时间受限，噪声大；无法实现相对及时清粪，有维护成本	泌乳牛群	夏季	中型牧场	较大
干清粪 + 水冲粪	自动化程度较高，省工，可实现相对及时清粪	运行能耗和维护、维修等管护成本较高	泌乳牛、育成牛 / 青年牛（养殖密度较高）	除冬季外	大中型牧场	较大
干清粪 + 通铺垫料	作业面积小，后期粪污治理难度较低，奶牛舒适度较高	同等空间养殖规模受限，需要旋耕、翻抛等一定的技术手段	全群	四季	大中型牧场	较小

4.3.1.2　挤奶厅污水分类收集技术

挤奶厅污水常年产生量大,掺混残余奶液、酸碱残液、冲洗用水等多组分污水,含有不同程度的盐分,但相比粪污而言,其污染物浓度较低,与牛舍粪污随意混合容易加大后续处理、利用难度,因此需要结合牧场对于这部分污水的后期处理或利用目标选择适当的收集方式。针对上述问题,农业农村部环境保护科研监测所养殖业污染防治创新团队(以下简称"团队")自主研发了适用于分类收集粪污的技术装备,近 3 年来与天津市奶牛产业技术体系合作,在挤奶车间应用挤奶厅原位清洗(CIP)系统污水分类收集技术。具体技术要点如下。

本技术依据生产特点,将挤奶厅 CIP 系统污水分为预冲洗水、冲洗水、酸盐废水和后冲洗废水 4 类。针对不同来源类别的污水,需要配备 3 套操控系统,分别为收集系统、管道系统和控制系统。其中,收集系统(图 4-32)主要包括各类型贮罐,选择防渗漏、抗腐蚀、耐酸碱的罐体,防晒性能较差的要避光存放,体积大小按照日均水量的 3~5 倍来配备。管道系统(图 4-33)具备可控性,选择电磁阀门、单向阀门等控制污水流向,采用聚乙烯 / 硬质聚氯乙烯管(PE/UPVC)等耐腐蚀材料。控制系统(图 4-34)包括进水控制系统、出水控制系统和预警系统。进水控制系统在源头进行水体分离,出水控制系统需要与后续回用系统或处理系统进行对接,预警系统要防止误操作导致污水进错收集系统。同时,整套技术运行顺畅需要 3 个先决条件:一是场内具备现代化的挤奶设备;二是有可改造的污水出口,部分奶牛牧场将挤奶厅的排水口设置在地下或采用沟渠排水,就无法实施相应改造;三是挤奶厅周边有足够的建设用地。

图 4-32　奶厅污水收集系统(组图)

图 4-33　奶厅污水管道系统（组图）

图 4-34　奶厅污水控制系统（组图）

4.3.1.3　奶牛粪污暂存技术

现阶段，奶牛牧场通常在牛舍一端或中间分别设置集粪沟或集粪渠，同时它们也是奶牛舍区汇集、暂存粪污必备的配套设施。通常将粪污从奶牛舍区集粪沟或集粪渠转运至下一级的设施为集污池，用于汇存奶牛牧场生产作业过程中产生的所有粪尿水，相当于集散地。通常牧场根据规模大小和经济实力建有一至多个集污池用于贮存和中转粪污。综上，本节针对奶牛牧场粪污收、贮、运环节应用到的必要贮存设施（集粪沟、集粪渠、集污池）阐述技术要点，主要内容分述如下。

1. 集粪沟

集粪沟通常用于贮运刮粪板和 / 或铲车收集的粪尿、粪水、垫料等站道上的废弃物，是配套刮粪板和 / 或铲车作业的必备构筑物。如图 4-35 所示，集粪沟通常建造于牛舍的一端或中间，根据牛舍总长和清粪方式确定，垂直于牛舍长轴；大多建于牛场舍内，以避免雨水进入而增加粪污量；少部分建于牛场舍外或未被牛舍屋顶罩住，此时采用混凝土盖板等覆盖措施。集粪沟土建施工与刮板清粪密切相关，施工质量直接影响到刮粪板等设备的安装和运行。

图 4-35 集粪沟（上—舍内；下—舍外）

集粪沟侧壁和底面须严格防渗漏，上端宽度宜为 600~800 mm，上沿宜为直角、整齐平滑，沟底边角宜为圆弧状，底面纵向坡度应符合《畜禽场环境污染控制技术规范》（NY/T 1169—2006）中 4.2.1 条的规定。牛舍纵向长度在 120 m 以内时，集粪沟通常设置在牛舍一端；牛舍纵向长度大于 120 m 时，集粪沟通常设置在牛舍两端或中间。集粪沟通常配套场区集污池处的固液筛分系统，分离后的污水或最后一级设施中的上清液泵回集粪沟回冲沟底部的粪污，因此集粪沟不宜过宽，否则不易将固体粪污冲走；然而也不宜过窄，避免淤积堵塞或日常检修时阻碍人工下沟作业。

2. 集粪渠

集粪渠通常特指位于牛舍一端，用于汇集、暂存粪水的沟渠，如图 4-36 所示。集粪渠通常根据牛舍总长和清粪方式确定，建造于牛舍内一端、两端或中间。部分牛场直接将集粪渠建在牛舍屋顶棚下罩住，部分牛场单独安装了集粪渠盖板或罩棚。集粪渠的宽度通常在 1.8~2.4 m 之间，深度通常不大于 2 m，底面纵向坡度按照 NY/T 1169—2006 中 4.2.1 条的规定执行。集粪渠通常配套铲车或吸粪车清运粪污，因此渠道宽度需要满足车辆直接进出的要求，但不宜过宽，否则将增加作业量和建设成本。集粪渠一般是靠饲喂通道的一侧较深，靠牛舍外墙的一侧较浅，但高差不宜过大，否则阻碍车辆进出清粪，特别是在冬季冰冻时期，车辆容易打滑陷入渠道内。

天津市使用集粪渠的规模化奶牛牧场通常采用雇用第三方上门清运或自行清运的方式，将暂存渠道中的粪污直接清运出场外处理。夏季粪污量大且含水率高，通常使用吸粪车直接抽走；其他季节粪污量较少，则直接使用铲车清运走。相比于集粪沟中回水冲粪的方式,集粪渠可大大减少用水量,并降低污染物浓度,减轻了后续处理难度。

图 4-36　集粪渠(组图)

3. 集污池

集污池通常指奶牛牧场内用于汇集、暂存粪水、污水等的设施。集污池要与养殖区、生活区、办公区等保持一定的卫生防疫距离,通常设置在奶牛牧场生活区、生产区的下风向或侧风向,便于运输,并留有扩建空间,方便施工、运行及维护。土地条件允许的,也可建设田间贮存设施便于粪污转运和还田。根据建设场地大小、位置及土质条件,集污池可选择方形、圆形、六角形、八角形等,天津市的奶牛养殖场以长方形和圆形的居多,如图 4-37 所示。池体总深度一般不超过 6 m,其中包括 1~1.2 m 的预留深度。

图 4-37　集污池(左为方形池,右为圆形池)

结合近 6 年来天津市近百家规模化奶牛养殖场开展粪污治理工程的设施设计、施工建设及回访场户反馈运行的实际情况,笔者团队不断优化集污池的技术参数,即根据池体的长度设计侧壁、底板及隔墙的厚度,以 10 m 和 20 m 为临界尺寸分为 3 个区间,如表 4-2 所示。若池体加长,底面、侧壁及隔墙需相应加厚以承受较高浓度和复杂成分的粪水冲击。设置隔墙是为了延长过水停留时间从而达到污染物降解的效果,每个分隔池壁上安装爬梯方便人工上下作业。

表 4-2　池长对应侧壁、底板及隔墙厚度

池体长度 /m	侧壁厚度 /mm	底板厚度 /mm	隔墙厚度 /mm
<10	≥ 300	≥ 250	
10~20	≥ 300	≥ 300	≥ 150
>20	≥ 400	≥ 300	

等距离分隔长方形池是为了平衡隔墙对过水的承受力,距离隔墙上沿对角设置过水孔是为了延长水力停留时间(HRT),限定过水孔内径是为了控制水体的流速,同时达到延长过水停留时间来使污染物降解的效果;也可不设置过水孔,使粪水直接从隔墙断面上溢流出来。结合《畜禽养殖污水贮存设施设计要求》(GB/T 26624—2011)中 6.3 条的要求,在过水孔中设置防腐过水管并将其伸至池底靠近隔断的一侧。控制过水管与池底距离的做法是为了防止短流或形成死角,确保池体每个环节的利用率。安装预留进水孔可引进暗管输送的粪水,要确保其标高大于过水孔底部标高,避免粪水回流、返混。另外,露天型集污池的进水孔通常要加装防腐网格栅等以防止塑料、纸片、草芥等大块异物堵塞。

部分中小型规模化奶牛牧场将集污池用于长时间贮存粪水,通常需要在池体顶部加罩阳光棚或混凝土盖板,以达到防雨、冬季保温、防止有害气体挥发和养分流失、安全运行管理等目的,还要配备匀浆除泥泵,定期清理池体底部的淤泥。

上述粪水贮存设施的内壁、底面应尽可能被打磨光滑,便于粪水流动而不残留,自流而不淤积。底角的做法是为了确保粪水在集粪沟流动时不产生死角或长时间滞留。通体钢混凝土的材质应具备耐腐蚀性能,严格防渗漏,避免污染地下水和土壤,其结构做法应符合《给水排水工程构筑物结构设计规范》(GB 50069—2016)的有关规定。《畜禽粪便资源化利用技术——种养结合模式》一书中指出,为防止上述设施内粪水渗过池壁和池底对周围土壤和地下水造成污染,在土建施工前应对拟建设场地进行必要的地质勘查和测绘,通过勘查场地的工程地质条件,分析土质类型、地下水水位等基础环境条件,确定场地是否适合建造设施。对易受侵蚀的部位,应采取相应的防腐措施。此外,天津地区冬季 12 月—次年 2 月间,室外温度较低,早晚长时间处于零度以下;夏季 7—8 月间,白天室外温度较高,有条件的奶牛牧场在建设时应尽可能加装保温层,防止池体热胀冷缩,延长池体的使用寿命。

4.3.2　奶牛粪污贮存技术

奶牛粪污贮存技术旨在确保粪污在非还田施肥期间的安全存放,以最大限度地降低粪污治理成本。固态和半固态粪便通过堆肥发酵腐熟,液态粪水通过存放自然厌氧消化,从而达到粪污治理后无害化的效果,为粪肥安全还田利用提供支撑。奶牛粪污贮存方式通常因粪污含水率不同而不同,其中固态和半固态的牛粪通常被直接运至贮粪场内存放,或者在运动场、晒场等处堆沤腐熟、晒干风干后转移至贮粪场内;液态粪水、粪浆则通过管道和泵被输送至贮存池和氧化塘等贮存设施存放或者进入沼气工程进行厌氧消化处理后存放。贮存设施应尽可能远离各类功能地下水体,并进行严格的防渗漏处理。

4.3.2.1　粪便贮存技术

按照季节划分,通常春、秋、冬季的奶牛粪便较干;按照饲养阶段划分,通常后备牛的粪便较干;按照粪污产生的区域划分,通常运动场的粪便较干;按照处理环节划分,固液筛分后的粪便较干,经过沼气工程发酵后进行二次固液筛分的沼渣较干,其通常被视为粪便进行堆沤腐熟、晒干风干等处理后贮存。

奶牛粪便的贮存设施多采用全地上结构堆粪场(图4-38),地面用水泥、砖处理,具有防渗漏功能,墙面用水泥或其他防水材料修建,顶部为彩钢板、阳光板或其他材料修建的遮雨棚,防止雨水进入,地面向设施开口一侧稍微倾斜。堆粪场适用于铲车干清粪方式或固液分离后的固态干粪的贮存。堆粪场一般建造在牛场的下风向,远离牛舍;容积通常根据牛群规模和牛粪的贮存时间来确定。采用肥料还田方式的牛场,需要综合考虑施肥时期,以非还田时长为基础来设计和建造足够容量的堆粪场。

图4-38　堆粪场(组图)

4.3.2.2　粪水贮存技术

天津市规模化奶牛牧场采用的粪水贮存设施种类多样,普遍使用的是汇集场内所有液态粪水的集污池、固液筛分后用于短期存放粪水的分离池(图4-39)、非还田时节长期存放粪水的贮存池(图4-40)和氧化塘(图4-41),形状多为方形和六角形,其中方形又分为长方形和正方形。其中集污池、分离池及贮存池深3~6 m不等。液态粪水贮存设施一般设在牛舍外地势较低的地方,设施四壁和底面严格防渗漏,顶部大多露天,只有少数奶牛牧场采用水泥预制板封顶。

粪水贮存设施的总容积需要根据产生粪水的牛群规模和粪水的存放周期来确定,若挤奶车间产生的污水也汇入粪水贮存设施,则需要考虑挤奶车间日产污水量;若污水贮存设施为露天型,还需要考虑奶牛牧场所在地区的最大降雨量。参考原农业部办公厅2018年发布的《畜禽规模养殖场粪污资源化利用设施建设规范(试行)》,包括粪水暂存用的集粪沟渠、集污池及长期贮存粪水用的贮存池、氧化塘等的总贮存容积应不小于[日产粪水量(m³)×贮存粪水部分对应的牛群规模(头)+挤奶车间日产污水量(m³)+当地日最大降雨量(m³)]×贮存周期(d)。贮存设施通常采用全地下式和半地上式两种结构。宁河区、滨海新区等地势较低的沿海地区的养殖场通常建造半地上式贮存设施,而武清区、宝坻区等地势较高的内陆地区的养殖场通常建造全地下式贮存设施。

图 4-39　分离池(组图)

图 4-40　贮存池(组图)

图 4-41　氧化塘(组图)

4.3.3 奶牛粪污治理技术

规模化奶牛场粪污治理技术的选择和开发通常需要满足 4 个基本准则:一是减量化原则,尤其是在配套农用地面积不足的情况下,需要最大限度地控制污水产生量,比如采用雨污分流和固液筛分方式,同时需要控制粪污中污染物(COD、BOD、重金属、抗生素等)的含量以降低后续处理难度;二是无害化原则,旨在杀灭病原微生物(粪大肠杆菌、大肠埃希氏菌等),尤其是致病型微生物(沙门氏菌、肠球菌等),确保粪污后续安全利用,比如采用好氧发酵和厌氧消化的方式;三是资源化原则,将粪污作为资源充分循环、重复利用,比如用奶牛粪便制备牛床垫料、奶厅废水处理后回冲地面、贮存设施上清液回冲集粪沟等做法;四是简便化原则,提高机械化、自动化、智能化设施装备水平,逐步向以机械设备代替人力的现代化高效生产方向发展。

天津市规模化奶牛牧场的粪污治理方式由粪污产生量和终端用途确定,通常分为两类。一类是将上述 3 种来源的粪污在集污池处汇集,采用固液筛分(图 4-42)的方式将大部分粪便和粪水分离,固体粪便部分经过腐熟杀菌和晒干后作为垫料回用于奶牛躺卧区域,筛分后的液态粪水、粪浆则进入后续的处理设施中,通常的做法是采用分离池贮存或通过调节池(图 4-43)匀浆调质后进入沼气工程系统,再通过沉淀池(图 4-44)、贮存池或氧化塘存放以备还田农用。目前天津市共有 51 家奶牛牧场采用这种方式来处理粪污,以大型和超大型奶牛牧场为主,这一类奶牛牧场的液态粪水日产生量较多。另一类由于液态粪水部分产生量较少,奶牛场通常采用日产日清的方式直接将大量的粪便和少部分尿液一并清运至空场中风干或晒干后售卖,或者在粪便堆贮设施中暂存;夏季有喷淋水、雨水等外源水与粪污混合增加粪水量时,奶牛牧场通过吸粪车将其清运至多级池贮存,待接近池体负荷时用罐车运至其他农用地还田,但这一类奶牛牧场粪水产生总量较少,环境压力总体可控。天津市现有 34 家大中型奶牛牧场采用这种方式,其中只有 8 家是大型奶牛牧场,这种类型的牧场通常会严格控制瞬间粪水产生量。

图 4-42　固液筛分设施(组图)

图 4-43　调节池　　　　　　　　　图 4-44　沉淀池

第一类奶牛牧场现阶段的粪污治理做法通常是先采用固液筛分的方式将粪便和粪水分离,然后连接以下 5 种工艺中的一种,包括沼液贮存、氧化塘处理、沼液贮存 + 氧化塘处理、厌氧发酵 + 沼液贮存、厌氧发酵 + 沼液贮存 + 氧化塘处理,其中以沼液贮存、沼液贮存 + 氧化塘处理和厌氧发酵 + 沼液贮存 + 氧化塘处理 3 种处理工艺居多。厌氧发酵特指采用了 CSTR 和 UASB 等常用厌氧反应器的大中型沼气工程的工艺方式。

除上述常用处理技术外,针对天津市奶牛牧场现阶段的粪污治理难题,笔者团队创新或改进了以下 4 项实用技术,并在天津市奶牛产业技术体系多家实验站牧场试验示范,运行效果良好。这 4 项技术包括:笔者团队针对传统的收运方式固液筛分效率低、筛分效果差的问题,创新开发了固液分离前置技术;针对牛粪制备垫料效率低、无害化效果差的问题,结合从奥地利保尔公司引进的牛粪再生系统(BRU),进一步提升了牛粪卧床垫料制备技术的应用效果;针对挤奶车间废水量大、资源化利用效率低的问题,研发了生物处理、净化及回用一体化技术装备;针对有能源需求的大型奶牛牧场,研发了湿式发酵和干式发酵沼气工程组合处理技术。

4.3.3.1　固液分离前置技术

固液筛分是现阶段众多规模化奶牛牧场普遍使用的粪污预处理技术,旨在将牛粪回用于卧床以替代稻壳、锯木屑、细沙等传统的有机和无机垫料,节省支出,在促进大量牛粪再利用的同时降低粪污含固率,利于管道输运粪水并减少其黏稠度,便于后期处理,为含水率较高的泌乳牛粪提供出路。近年来,特别针对泌乳牛粪黏稠导致筛分效果不佳的问题,笔者团队研发了泌乳牛粪污前置固液分离系统,即在牛舍尽头的集粪设施处对粪污进行原位筛分,替代大量回冲用水,从而降低整个场区的粪污量和污染物浓度,粪污的含固率总体可控制在5%~8%。本套固液分离前置系统大大缩短了奶牛粪污的贮存时长,异味小,固液筛分后的干物质含量高,垫料再生量大,奶牛躺卧舒适,整个系统处理效果显著。整个处理工程不需要大型贮存设施和长距离粪水输运系统,运行成本低且操作简便,如图 4-45 所示。

图 4-45　固液分离前置系统（组图）

　　配套固液分离前置系统通常采用螺旋挤压式固液筛分机（图 4-46），适用于总固体（TS）浓度范围为 3%~8% 的奶牛粪污。固液混合物从进料口泵入，筛网中的挤压螺旋以 30 r/min 的转速对进料进行脱水，将干固形物挤压出来，液体则通过筛网筛出。筛分后的出料含水率可降至 65%~75%，设备的处理能力能达到 1 020 m³/h，TS 去除率达到 40%。螺旋挤压式分离技术的工作效率取决于粪水中的干物质含量和黏稠度等因素，相比于同类技术，其总体筛分效率高，系统结构简单且维修保养简便。分离后的固体直接堆放在舍后的堆粪棚内进行自然发酵，定期用铲车翻抛和重新堆垛，10 d 左右完成整个前发酵过程，堆垛内的温度可达 60 ℃以上。使用这些物料时选择良好的天气，在堆粪棚旁边的硬化路面上进行晾晒，5~10 h 后回收用于奶牛卧床。

图 4-46　螺旋挤压式固液筛分机（组图）

4.3.3.2　牛粪卧床垫料再生（BRU）技术

　　该项技术的核心是专门用来对牛粪进行发酵的滚筒式发酵系统。笔者对并排的 4 栋泌乳牛舍进行地面改造，对其做向一侧呈 0.1% 的斜坡，斜坡顶端设置冲洗闸门。斜坡底部是收集渠，4 栋泌乳牛舍的收集渠通过直径不小于 1 m 的混凝土管道连接，以向下 5% 的坡度连接至集污池。牛舍内的粪污一般用机械清扫一次后再用回冲水冲洗一次。被收集的粪污在集污池内通过 SSXH 型（5.5 kW）潜水搅拌器和 SAGNUSCSPH 型（7.5 kW）潜水切割泵进行匀浆和提升。BRU 系统由大、小两个集装箱组成：小型集装箱在上，内部为 PSSS855 型固液分离机及整个系统的电控系统；大型集装箱在下，用于安装滚筒发酵仓。粪污由潜水切割泵提升至小型集装箱内的固液分离机中，经孔径为 1 mm 的筛网筛分、螺旋挤压后，未处理完的粪污回到集污池内，分离后的固体落入下层滚筒发酵仓内进行发酵、干燥。液体通过管道进入出料池。发酵后的固体通过输送系统进入贮存间内，一般在 12 h 内使用。BRU 系统示意见图 4-47，实物照片见图 4-48。

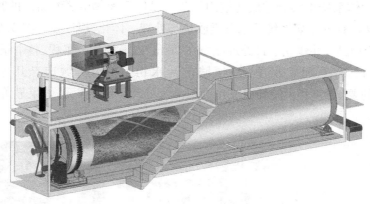

图 4-47　BRU 系统示意

图 4-48　BRU 系统实物照片

BRU 系统的技术参数如下。

（1）发酵仓温度：65 ℃左右。

（2）日输出垫料量：20~45 m³/d。

（3）发酵时间：12~18 h，不超过 25 h。

（4）干物质含量：40%~42%。

（5）进出料有害细菌（大肠杆菌、金黄色葡萄球菌等）去除率达 90% 以上。

4.3.3.3　奶厅污水生物处理、净化及回用技术

奶厅污水是规模化奶牛牧场污水的主要来源之一，尤其是挤奶系统冲洗水这部分污水

水量可观，日产生量为奶厅总产水量的 20%~40%，含有残余奶液（蛋白质、脂肪），强酸强碱且含盐量高，虽然污染物浓度远低于粪水，但是未及时进行合理处理亦容易造成环境风险。该类污水中 COD、TN、TP 等污染物浓度较低，不宜与地面粪水混合处理。出于环保节能和经济性考虑，许多大中型奶牛牧场倾向于简单处理并回用这部分水。笔者团队根据奶厅污水中的污染物含量特点，结合场户需求先后研发了 3 代奶厅污水处理技术装备，形成了适用于不同存栏规模的规模化奶牛牧场的挤奶系统冲洗水分类处理与回用技术模式，并在天津市奶牛产业技术体系奶牛实验站成功应用示范。以位于天津市滨海新区的某牧场为例，它应用了笔者团队设计的挤奶系统污水分类收集与处理一体化设备（图 4-49），植入 AO+MBR（膜生物反应器）工艺，并建立了日处理能力在 20 m³ 以上的示范工程，整个系统的日处理能力达到 20~30 m³/d，处理后水质达到《城市污水再生利用　城市杂用水水质》（GB/T 18920—2020）的要求，整套系统耗电支出为每吨水处理费用 1.5 元，效果显著。其工艺流程如图 4-50 所示。

图 4-49　挤奶系统污水分类收集与处理一体化设备（组图）

图 4-50　奶厅污水处理工艺流程

针对奶厅污水排放量大、酸碱冲击负荷高、后续处理难等问题，笔者团队创建了奶厅污水智能化分类收集与处理系统，见图 4-51，筛选了耐受力达到 0.8 mol/L 的高效水处理菌剂；选育了高脱盐水生植物——大藻，脱盐效率在 60% 以上；首创了基于耐盐微生物和 MBR 的一体化处理技术、设备，构建了奶厅污水分类收集—生物处理—植物净化组合工艺，COD 去除率为 70.0%~94.6%，TN 去除率为 64.3%~75.1%，TP 去除率为 82.6%~94.5%，电导率控制在 2 000 μS/cm 以下；出水达到中水回用标准，使牧场污水减量 30% 以上，后续粪污治理设施总投资下降 3%~5%。

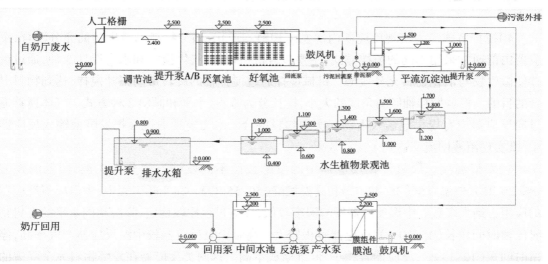

图 4-51　奶厅污水智能化分类收集与处理系统（上图）及工艺流程（下图）（组图）

4.3.4　沼气工程厌氧发酵工艺技术

　　沼气工程的核心是厌氧发酵，即在缺氧条件下进行生化反应，厌氧菌破坏有机物产生生物气体。其优势在于可相对快速、高效地处理奶牛牧场大量的高浓度粪水，并促进后期还田利用，同时产生沼气为场区供能。针对现场实际情况和工程目标，奶牛牧场可选用不同的厌氧发酵工艺，主要工艺参数包括物料含固率、反应器级数、进料方式、搅拌方式、发酵温度等。

1. 厌氧消化工艺参数

1）物料含固率。根据厌氧发酵物料含固率的不同，厌氧发酵过程可以分为湿式发酵和干式发酵两种类型。TS 浓度 ≤ 15% 的通常称为湿式发酵，TS 浓度 > 15% 的属于干式发酵。

2）反应器级数。厌氧发酵是在厌氧微生物作用下的复杂生化过程，分为水解、酸化和产甲烷 3 个阶段，每个阶段都由一定种类的微生物完成有机物的代谢过程。单相反应器工艺是 3 个阶段反应都集中在一个反应器内进行。两相反应器工艺是 3 个阶段反应在两个不同的反应器中进行，通过调节两个反应器中不同反应相的 pH 值（酸相 pH 值范围为 5.5~6.5，甲烷相 pH 值范围为 6.8~7.2），让反应器中的微生物达到最佳活性，从而提高产气率，缩短物料的停留时间，优化操作环境。单相反应器设计相对简单，技术难度小，成本较低，应用广泛，在以能源作物为主要发酵原料的厌氧发酵工艺中多有应用。两相反应器优化了设计，发酵物料在反应器中停留时间短，产气潜力高，但投资成本高，操作复杂。实际工程中，单相发酵系统因操作方式简单、投资少、故障率低，应用较为普遍。

3）进料方式。根据进料方式不同，厌氧发酵工艺分序批式进料和连续进料两类。序批式反应器中，发酵物料一次性加入反应器中，物料在密封缺氧环境下厌氧发酵直到降解完全。在连续发酵反应器中，发酵物料通过机械进料装置有规律地连续加入反应器中。

4）搅拌方式。为实现反应器内部发酵物料均质化，满足物料和微生物的充分混合，反应器内部通常采用不同的搅拌方式，主要包含机械搅拌、气体搅拌和水力搅拌 3 种，通过搅拌使微生物与消化物料充分接触。机械搅拌通过搅拌轴的旋转带动桨叶搅拌，达到物料混合的目的。根据搅拌轴倾斜角度的大小，搅拌分为垂直、水平和倾斜 3 种方式。气体搅拌通过向反应器中有规律地输入生物气实现物料混合。水力搅拌通过泵把发酵液输入反应器中，既实现沼液回流又达到了搅拌效果。

5）发酵温度。厌氧消化反应器中的发酵按照不同发酵温度分为 3 类，即低温发酵（≤ 20 ℃）、中温发酵（38~42 ℃）和高温发酵（50~55 ℃）。在实际工程中，中温厌氧反应器的应用占绝大多数。中温反应器发酵温度较低，反应过程比较稳定，降解相同水平的有机物时停留时间较长（15~30 d），反应器容积较大。高温厌氧反应器较中温反应器产气率高，停留时间短（12~14 d），反应器容积小，但维修成本高。这两类反应器在发酵物料完全降解的情况下，最终甲烷产量差别不大，但综合考虑热量消耗和运行成本，中温反应器的应用前景更加广阔。

2. 厌氧消化工艺模式

1）湿式发酵。其特指发酵料液的 TS 浓度为 15% 以下的发酵，根据不同的发酵浓度，又可分为一般湿式发酵（TS 浓度 < 8%）和高固体发酵（TS 浓度为 8%~15%）。依据不同的 TS 浓度，反应器有 CSTR、PFR、USR、UASB 等。湿式发酵是现阶段我国大型和超大型奶牛牧场粪污能源转化应用的主要工艺类型，其工艺流程如图 4-52 所示。湿式发酵工艺的突出

优点是底物能源转化率高,产气稳定,自动化程度高;缺点是厌氧发酵罐容积大、投资高,产生的沼液量大,若没有足够土地消纳,后续处理难。其主要适用于采用水带式、水冲式等清粪方式,附近有足够消纳沼液、沼渣的饲用作物用地,经济基础相对雄厚、有沼气利用需求的大型规模化奶牛牧场,还需要地方政策扶持配套。

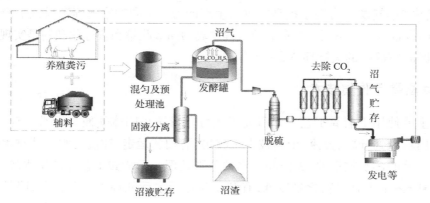

图 4-52　湿式发酵工艺流程

2)干式发酵。其又称固体发酵,其中发酵原料的总固体浓度在 15% 以上。干式发酵工艺的主要特点是运行能耗低,投资小,基本没有沼液排放,无二次污染,具有较好的发展前景。干式发酵工艺流程与湿式发酵相似,主要区别在于原料预处理和发酵方式。奶牛牧场粪污一般经过固液分离后,固体进入干发酵反应器,液体经稳定贮存一定时间后回用农田或回冲圈舍地面。干式发酵工艺流程如图 4-53 所示。干式发酵工艺的突出优点在于发酵罐容积小,运行费用低,没有浮渣、沉淀等问题,沼渣容易处理;主要缺点包括底物能源转化率低,产气不稳定,与湿式发酵相比自动化程度低。其适用于采用刮板、铲车等干清粪方式,配套固液筛分设备,附近可消纳农田面积有限的中小型规模化奶牛牧场。

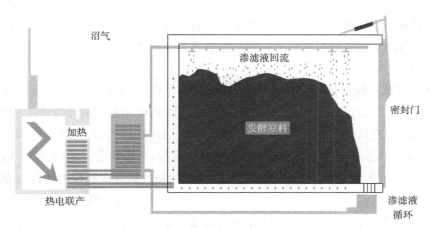

图 4-53　干式发酵工艺流程

4.4　规模化家禽养殖粪污的收集与贮存处理技术

家禽养殖业在带来可观收益的同时,也因养殖过程中粪污的收集和处理不当造成了空气、土壤、水质等的污染。安全高效的粪污收集与贮存技术可以减少粪便在禽舍内的停留时间,改善禽舍"小气候",有助于提高家禽的生产能力。不同的家禽养殖模式下粪便的收集方式和设施设备也有所不同。家禽养殖过程中粪污高效收集和资源化利用是实现畜禽业发展和环境保护"双赢"的关键环节之一。

4.4.1　家禽粪污收集技术

鸡场主要使用干清粪工艺。干清粪工艺可尽量防止固体粪便与污水混合,使粪便和污水从舍内就做到分离、分流,干粪被人工收集、清扫和运走,冲洗污水则从排水管或排污沟分流到舍外的污水收集池,粪便和污水被分别处理。干清粪工艺冲洗用水较少,减少了水资源消耗;污水中有机物含量较低,有利于简化污水后处理工艺及设备,降低了后处理成本;保持了固体粪便的营养物质,提高了有机肥肥效,有利于粪便肥料的资源化利用;能有效地清除舍内粪便,保持舍内环境卫生。干清粪工艺包括人工干清粪和机械干清粪两种方式。

4.4.1.1　人工干清粪

人工干清粪是采用人工方式从畜禽舍地面收集全部或大部分的固体粪便,地面残余粪便用少量水冲洗,从而使固体和废弃物分离的粪便清理方式。人工干清粪工艺主要适用于养殖规模中等、养殖环境较宽松、人力较多的鸡场。

1. 主要结构

层叠式鸡笼蛋鸡养殖方式下,鸡笼垂直排布,每层鸡笼之间以 PE 接粪盘或托粪盘作为粪便收集装置。半架阶梯式鸡笼蛋鸡养殖方式下,两列半架靠墙,中间留 1 m 宽走道,将鸡笼的支架垫高 0.2~0.4 m 以便清粪。工人用铁锹、清扫工具和手推粪车清理粪盘、架下地面的粪便,并用推车将粪便从舍内净端推送至污端,再运送至舍外的贮存设施。肉鸡地面平养或网上平养方式下,鸡舍垫料或网下鸡粪亦常采用人工清粪方式。

2. 优缺点

"层叠式鸡笼 + 托粪盘"养殖方式下的鸡粪较为干燥,不会因饮水器漏水而导致粪水溢流,但立体堆粪方式所产生的氨气、硫化氢等有害气体会对鸡舍内的环境产生较大污染,且鸡笼空间被挤占,鸡只较拥挤,使得各层鸡笼间光线、通风均较差,易对鸡体健康水平造成影响。半架阶梯式鸡笼养殖方式下,鸡粪在舍内地面堆积,会影响舍内地面通风,鸡粪在清理过程中易造成整个走道的污染。此外,人工清粪费时费力,易造成鸡舍内污道与净道交叉污染,还会对鸡群造成惊扰,而且随着人工成本不断增加、养殖场规模化和机械化程度日渐提高,人工清粪方式使用得越来越少,只有一些家庭养殖场和小规模养殖场仍采用这种清粪方式。

3. 适用范围

此方式适用于层叠式鸡笼、半架阶梯式鸡笼蛋鸡养殖场或地面平养、网上平养肉鸡养殖场。

肉鸡网上平养和地面平养见图 4-54 和图 4-55。

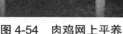

图 4-54　肉鸡网上平养　　　　　　　　　图 4-55　肉鸡地面平养

4.4.1.2　机械干清粪

机械干清粪工艺适用于养殖规模大、养殖环境要求严格、机械化程度高的鸡场。该清粪方式利用专用的机械设备代替人工清理鸡舍内的粪便,机械设备直接将收集的粪便运输至舍外,或直接运输至粪便贮存设施。机械清粪快速便捷,节省劳动力,工作效率高,相对于人工清粪而言,不会造成舍内走道粪便污染,但一次性投资较大,需要一定的运行和维护费用,且清粪机工作时噪声较大,不利于畜禽生长。机械干清粪工艺包括刮板清粪和传送带清粪两种方式。

1. 刮板清粪

刮板清粪主要分为往复式刮板清粪和链式刮板清粪。清粪机通过电力带动刮板沿纵向粪沟将粪便刮到横向粪沟,然后排出舍外。

1)主要结构。刮板清粪装置由带刮粪板的滑架、驱动装置、导向轮、紧张装置和刮板等部分组成,安装在鸡笼或网床下的粪沟中。清粪时,驱动器通过链条或钢丝绳带动刮板在粪沟内做直线往复运动进行刮粪,将粪便带到鸡舍污道端的集粪坑内,然后由倾斜的升运器将粪便送出舍外。

2)优缺点。刮板式清粪机可以大幅解决人工粪便清扫过程中耗水量大的问题,达到高效、健康、环保的养殖效益;可以实现养鸡过程中粪便清扫的机械化及自动化,提高清扫的效率,减少人力参与,减轻人的劳动强度;可以保证养殖场所的长期卫生,实现鸡体健康、洁净养殖,减少鸡体疾病的发生。刮板清粪方式能做到一天 24 h 清粪,机械操作简便,工作安全可靠,其刮板高度及运行速度适中,基本没有噪声,对鸡体不造成负面影响,运行和维护成本低,但刮板式清粪机的链条或钢丝绳与粪尿接触容易被腐蚀而断裂。

3)适用范围。本方式主要适用于全阶梯笼养鸡舍,也适用于平面网养鸡舍。

网上平养和阶梯式饲养刮粪机清粪见图 4-56 和图 4-57。

图 4-56　网上平养刮粪机清粪

图 4-57　阶梯式饲养刮粪机清粪

2. 传送带清粪

传送带清粪方式是近年来现代化鸡舍的主流清粪方式。采用此方式,禽舍内通风量小,风机使用寿命长,鸡舍的温度高,鸡只能耗低。

1)主要结构。传送带清粪机由电机减速设备、传动链、主动辊、被动辊、承粪带等组成。承粪带安装在每层鸡笼下面,当清粪机启动时,由电机、减速机通过链条带动各层的主动辊工作,被动辊与主动辊在挤压下产生摩擦力使承粪带沿着笼组的长度方向移动,将鸡粪输送到一端。鸡粪被端部设置的刮粪板刮落,接着由横向传送带送出鸡舍,完成清粪工作。

2)优缺点。该设施使用寿命长,可主动定时清粪,舍内无发酵,能有效降低舍内有害气体的浓度;鸡粪清洁度高,鸡粪相对干燥,易于处理和深加工。但传动带清粪机组设备对电能依赖性强,没有发电设备或经常停电的地方都无法采用该设备,且设备前期投入与后期维护费用较高。

3)适用范围。本方式多用于高密度层叠笼养鸡舍,也适用于阶梯型机械化笼养鸡舍。

叠层式饲养传送带式清粪见图 4-58,传送带式清粪直接装车见图 4-59。

图 4-58　叠层式饲养传送带式清粪

图 4-59　传送带式清粪直接装车

4.4.2 家禽粪污贮存技术

鸡粪从鸡舍被清理出来后,通常堆放于鸡场内或鸡场外有防雨棚的贮粪池或堆粪场。

4.4.2.1 暂存池

暂存池是在鸡舍出粪口建造的一种临时存放鸡粪的设施。暂存池要求做到"四防"(防雨、防渗、防漏、防风),即屋顶要做到防雨,墙面要做到防渗,地面要做到防漏,整体要做到防风。

暂存池的结构一般为"混凝土防渗地面 + 砖混围墙 + 轻钢结构 + 阳光板"的组合形式,适用于各种规模类型的养鸡场。

4.4.2.2 堆粪棚

堆粪棚(图 4-60)主要用于存放固态干粪,是粪便在售卖和无害化处理前的一个临时转存设施。堆粪棚也要求做到"四防"。

1)主要结构。堆粪棚的结构一般为"混凝土防渗地面 + 砖混围墙 + 轻钢结构 + 阳光板"的组合形式,施工达到 S6 防水等级。堆粪棚地面要有 2%~5% 的坡度,坡底设置渗滤液收集沟,用于将鸡粪堆积过程中形成的渗滤液引流至集污池,作为污水贮存以待后续处理。

2)优缺点。该设施适合各种规模类型的养鸡场,相较于过去开放式的粪便堆积,此设施简单实用,能够满足各种规模类型的养殖场的需求,能够起到有效防渗、防漏、防雨和防风的作用,保护了养殖场及其周边的整体环境。粪便随意堆放的现象得到有效遏制,养殖场周边的土壤和地下水都得到了很好的保护,粪便得到了有序管理,显著降低了养殖场粪污带给周边的恶臭影响,促进了养殖场整体环境的提升。

3)适用范围。堆粪棚适用于各种规模类型的养鸡场。

图 4-60 堆粪棚(组图)

4.4.2.3 集污池

集污池主要用于收集养鸡场中洗刷鸡舍、设备、用具的污水以及水槽末端流出的脏水等。常用集污池见图 4-61。

图 4-61　集污池（组图）

1）主要结构。集污池从空间布局上主要受建设地地下水位和养殖场实际规划的影响，一般分为 3 种，即地上式、地下式和半地下式。其中，地上式集污池施工难度小，建设成本高；地下式集污池施工难度大，建设成本较高；而半地上式集污池施工难度适中，建设成本最低。养殖场可根据自身条件和实际需求进行选择和建设。从选材类型上划分，集污池又分为钢筋混凝土式、底部防渗稳定塘式和土基防渗膜（囊）式 3 种，其中钢筋混凝土式集污池的投资成本最高，但使用寿命最长，占地最小，对于深度小于 10 m 的集污池，防渗等级要求达到 S6 级。底部防渗稳定塘式集污池在土坑基础上铺设防渗膜和排气管，投资最少，但顶部为开放式，占地面积大，无法控制废水中有机质降解后形成的氨气、硫化氢等有害气体的挥发，有一定的恶臭。土基防渗膜（囊）式集污池在土坑基础上铺设封闭式贮液囊，该囊体一般由 HDPE（高密度聚乙烯）工程膜焊接而成。该类型集污池整体投资成本较低，密封性好，使用寿命取决于工程膜本身的寿命，膜需要定期更换。

2）优缺点。该设施集中收纳养殖废水，能够规范规模化养鸡场的废水收集与管理，避免养殖废水与雨水混合，减少废水产生量，降低废水处理的难度；为废水在农用前的贮存和周转提供了专用设施，能够起到养殖废水处理前的酸化和降解作用，为废水的无害化处理提供了前提条件，在保护环境的同时也保护了养殖场周边的人畜安全，降低了疫病传播的风险；而且设施的运行、维护简单，运行成本低。缺点是前期投资较大。

3）适用范围。集污池适用于各种规模类型的养鸡场。

4.4.3 家禽粪污治理技术

鸡粪不仅是很好的肥料,还因为含有较高的营养价值,可以用作饲料。综合利用鸡粪可以大大改善鸡场的卫生环境,消除蚊、蝇、臭气,减少疾病的传播,还可以生产饲料、肥料等,产生较好的社会效益、生态效益和经济效益。家禽粪便的处理技术主要分为制作鸡粪有机肥和制作鸡粪培养料两种。

4.4.3.1 制作鸡粪有机肥

鸡粪是一种比较优质的有机肥,其中纯氮(N)、磷(P_2O_5)、钾(K_2O)的含量分别约为1.63%、1.54%、0.85%,分别是猪粪的 4.1 倍、5.1 倍和 1.8 倍。通过堆肥发酵后的鸡粪,是葡萄、西瓜、某些果树和蔬菜的优质肥料。鸡粪有机肥制作见图 4-62。

1)主要过程。制作鸡粪有机肥的最好方式是自然发酵。在通风好、地势高的地方,最好在远离居住区及鸡舍 500 m 以上的下风向,把清理出的带垫料鸡粪平铺晒干,等到鸡粪的干度达到一定程度后将其堆积起来。如果有条件,可在鸡粪有机肥堆上盖一层塑料布,防止水分流失,然后等待鸡粪自然升温。当鸡粪的内部达到 70 ℃左右时,需要再次把鸡粪摊开,降温之后重新堆积起来,这样反复 2~3 次,待鸡粪堆不再升温到 50 ℃以上时发酵完成。这个过程一般夏季为 10 d 左右,冬季为 2 个月左右。

2)优缺点。制作鸡粪有机肥不仅消除了其中的有毒有害物质,而且做出的肥料富含多种植物所需的有机酸、肽类以及氮、磷、钾等营养元素。长期使用鸡粪有机肥可以明显地提高土地肥力,减少化肥和农药的使用量,在后期可以逐步代替化肥,而且能够提高农作物的品质和产量。

3)适用范围。此技术适用于各种规模类型的养鸡场。

图 4-62 鸡粪有机肥制作(组图)

4.4.3.2 制作鸡粪培养料

鸡粪可作为蝇蛆、黑水虻等食腐昆虫的培养料,培育幼虫用来生产优质蛋白质饲料原料,并实现无害化处理。利用黑水虻处理禽畜粪便,就是将禽畜粪便作为黑水虻的食物,黑水虻在取食后将粪便中的有机营养物质富集到体内,或者转化为容易被植物吸收的有机肥。黑水虻处理 1 t 新鲜鸡粪(含水量约为 70%)可以获得约 150 kg 的黑水虻鲜虫和 200 kg 的有机肥产品。适用于黑水虻养殖的鸡粪调配方法为:将新鲜鸡粪和粒径不大于 0.05 cm 的能量饲料组分充分混合,以 30~100 cm 的堆放高度在 15~30 ℃的温度下堆放发酵 10~15 h,制备得到调配鸡粪。其中,能量饲料组分占培养料总质量的 5%,鸡粪为初产 48 h 内的新鲜鸡粪,含水量为 65%~75%。

1)主要过程。在鸡笼位置处设置鸡粪下落区和黑水虻处理池,使鸡笼内的鸡粪通过鸡粪下落区落至有黑水虻幼虫的黑水虻处理池内;在预设温度下对黑水虻处理池内的鸡粪进行通风处理;当处理后的鸡粪达到预设条件时进行虫粪分离操作,得到有机肥和黑水虻商品虫。这种方法可以确保鸡粪的新鲜度和营养程度,达到较好的处理效果。

2)优缺点。黑水虻处理粪便类似于微生物堆肥,转化周期短,可以使粪便的堆积量减少一半以上,同时达到很好的除臭效果。此外,黑水虻在处理粪便时可以起到防止蚊蝇滋生,杀灭和抑制大肠杆菌、沙门氏菌的作用。利用鸡粪制作培养料,其优点是在处理鸡粪的同时生产出优质蛋白质类饲料原料,处理后的鸡粪还能作为有机肥料应用于种植业,实现了物质的循环利用,提高了鸡粪的利用效率。但鸡粪作为昆虫培养料也存在明显缺点,主要表现为生产效率低,昆虫幼虫的培养与利用技术难提升,幼虫的加工利用不充分等。

3)适用范围。此模式适用于各种规模类型的养鸡场。

参考文献

[1] 杨义风. 基于规模比较视角的吉林省生猪养殖户粪污资源化利用研究 [D]. 长春:吉林农业大学,2018.

[2] 胡志华,秦晨."循环农业"研究综述 [J]. 科技传播,2010(23):16-18.

[3] 农业部关于印发《畜禽粪污资源化利用行动方案(2017—2020 年)》的通知 [J]. 中华人民共和国农业部公报,2017(8):21-28.

[4] 王琛. 安县柏杨村农业废弃物资源循环利用模式分析及优化设计 [D]. 雅安:四川农业大学,2011.

[5] 白璐. 不同畜禽养殖废弃物资源化利用管理模式评价研究 [D]. 南京:南京农业大学,2016.

[6] 郑微微,沈贵银,李冉. 畜禽粪便资源化利用现状、问题及对策——基于江苏省的调研 [J]. 现代经济探讨,2017(02):57-61,82.

[7] 李文哲,徐名汉,李晶宇. 畜禽养殖废弃物资源化利用技术发展分析 [J]. 农业机械学报,2013,44(5):135-142.

[8] 贺成龙. 畜禽养殖粪污处理利用方式与思路 [J]. 当代畜禽养殖业,2020(1):51,49.

[9] 孙芳芳. 畜禽养殖业粪污处理及资源化利用 [J]. 中国畜禽种业,2015,11(2):35-36.

[10] 王倩. 畜禽养殖业固体废弃物资源化及农用可行性研究 [D]. 济南:山东师范大学,2007.

[11] 黄宏坤. 规模化畜禽养殖场废弃物无害化处理及资源化利用研究 [D]. 北京:中国农业科学院,2002.

[12] 宣梦. 规模化畜禽养殖粪污综合利用与处理技术模式研究 [D]. 长沙:湖南农业大学,

2018.

[13] 赵瑞东. 河北省生猪养殖废弃物治理及资源化利用研究 [D]. 保定:河北农业大学,2018.

[14] 徐继国. 黑龙江省农业废弃物资源化利用问题研究 [D]. 哈尔滨:东北农业大学,2018.

[15] 李鹏. 农业废弃物循环利用的绩效评价及产业发展机制研究 [D]. 武汉:华中农业大学,2014.

[16] 陈珏. 农业可持续发展与生态经济系统构建研究 [D]. 乌鲁木齐:新疆大学,2008.

[17] 薛颖昊,魏莉丽,徐志宇,等. 区域畜禽废弃物全量化处理利用的模式探索 [J]. 中国沼气,2018,36(5):77-81.

[18] 李纪周. 天津市规模化畜禽养殖场粪污治理及资源化利用调查研究 [D]. 北京:中国农业科学院,2011.

[19] 赵馨馨,杨春,韩振. 我国畜禽粪污资源化利用模式研究进展 [J]. 黑龙江畜牧兽医,2019(4):4-7,13.

[20] 陈素华,孙铁珩,耿春女. 我国畜禽养殖业引致的环境问题及主要对策 [J]. 环境污染治理技术与设备,2003(5):5-8.

[21] 宣梦,许振成,吴根义,等. 我国规模化畜禽养殖粪污资源化利用分析 [J]. 农业资源与环境学报,2018,35(2):126-132.

[22] 朱红侠. 我国规模化畜禽养殖粪污资源化利用分析 [J]. 农民致富之友,2019(15):63.

[23] 陈静. 我国生猪养殖企业粪污资源化利用行为及影响因素研究 [D]. 北京:中国农业科学院,2019.

[24] 白金明. 我国循环农业理论与发展模式研究 [D]. 北京:中国农业科学院,2008.

[25] 陈红兵,卢进登,赵丽娅,等. 循环农业的由来及发展现状 [J]. 中国农业资源与区划,2007(6):65-69.

[26] 尹昌斌,周颖. 循环农业发展的基本理论及展望 [J]. 中国生态农业学报,2008(6):1552-1556.

[27] 黄军,何健,周青. 循环农业模式下的农业废弃物资源化利用 [J]. 世界科技研究与发展,2006(6):76-79.

[28] 尹昌斌,唐华俊,周颖. 循环农业内涵、发展途径与政策建议 [J]. 中国农业资源与区划,2006(1):4-8.

[29] 陈诗波. 循环农业主体行为的理论分析与实证研究 [D]. 武汉:华中农业大学,2008.

[30] 徐峰. 整县推进畜禽粪污资源化利用的思考 [J]. 农机市场,2018(9):27-29.

[31] 孟祥海. 中国畜牧业环境污染防治问题研究 [D]. 武汉:华中农业大学,2014.

[32] 翟勇. 中国生态农业理论与模式研究 [D]. 咸阳:西北农林科技大学,2006.

第 5 章　畜禽粪污的资源化利用技术

近年来,随着我国农业现代化的发展和人民生活水平的不断提高,畜禽养殖集约化与规模化得到快速发展,养殖场对周围环境的污染也越来越严重,粪污的处理已经成为畜牧业发展亟待解决的问题。畜禽粪污既是养殖业主要的污染源,同时也是宝贵的资源。目前,随着我国畜禽养殖业的持续发展和规模化程度的不断提高,全社会对畜禽养殖污染防治的关注度也日益提高,我国畜牧业粪污资源化利用工作也取得了阶段性的成效。

5.1　肥料化利用技术

畜禽养殖废弃物具有资源属性,可用于生产有机肥。将其适时适量地还田利用,在提升土壤有机质含量、保障农田可持续生产能力的同时,也可改善农产品质量。过去我国由于缺乏有效的政策保障机制,畜禽粪便未能得到有效处置和合理利用,不仅浪费了资源,而且对周边环境和居民生活产生了不利的影响。

畜禽粪便农田肥料化利用是解决畜禽养殖废弃物污染的重要手段,美国的相关法规规定畜禽粪便不允许排放,所有规模化畜禽养殖场都必须制订畜禽粪便养分管理计划,按照粪便养分管理计划进行肥料化农田利用。即使在农田面积极为有限的荷兰,75% 的畜禽粪便也是通过农田利用进行消纳的,养殖企业必须按照土地承载力核算的规模进行限量饲养。

国内外许多研究表明,畜禽粪污用作肥料既可以解决废弃物的出路问题,又可以产生改良和培肥土壤的效果。因此,肥料化利用是较理想的粪污处理方法,受到世界各国的普遍青睐。但是,养殖场畜禽粪污直接作为肥料销售往往因运输成本太高和操作不便而很难形成市场。在畜禽粪污无害化和稳定化处理的基础上,将其加工成商品有机肥或生物有机肥销售,具有稳定的产品市场,这是符合我国国情的资源化利用途径。

5.1.1　固体粪便肥料化利用技术

粪污肥料化是在人工控制的条件下,依靠自然界广泛分布的细菌如放线菌、真菌等微生物,人为地促进有机物向稳定的腐殖质转化的微生物学过程。肥料化是以各种粪污为原料,加上秸秆等辅料混合堆积,在高温、高湿的条件下,经过发酵腐熟、微生物分解而制成有机肥料的过程。粪污堆肥产生的肥料所含营养物质较丰富,且肥效长而稳定,同时有利于促进土壤固粒结构的形成,能提高土壤保水、保温、透气、保肥的能力,且与化肥混合使用可弥补化肥所含养分单一的缺陷。一般养殖场中的粪便有机质含量比较高,都可以作为堆肥原料。

5.1.1.1　有机肥堆制原理

堆肥是在有氧条件下,利用好氧菌对废物进行吸收、氧化、分解。这种转化可归纳为两个过程:一个过程是把复杂的有机质分解为简单的物质,最后生成二氧化碳、水和矿质养分等;另一个过程是有机质经分解再合成,生成更复杂的特殊有机质——腐殖质。两个过程是同时进行的,在不同条件下,各自进行的程度有明显的差别。

在堆肥过程中起主导作用的微生物是绝对好氧菌和兼性菌。在反应开始阶段,嗜温性微生物最为活跃。5~10 d 以后,随着温度不断升高,嗜温性微生物(包括各类嗜热性细菌和嗜热性真菌)大量繁殖。在熟化阶段,即好氧堆肥的最后阶段,则出现了放线菌和霉菌。因为在某些可降解废物中上述微生物的数量并不够,所以有时必须将微生物作为添加剂加入其中。堆肥工艺流程见图 5-1。

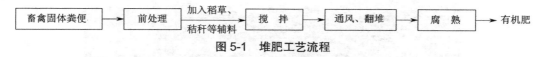

图 5-1　堆肥工艺流程

5.1.1.2　影响因素

堆肥过程是利用自然界广泛存在的微生物有控制地促进固体废物中的降解有机物转化为稳定的腐殖质的生物化学过程。因而所有影响微生物生长的因素都将对堆肥过程和最终产品的质量产生影响,主要影响因素为温度、水分、pH 值、碳氮比、供氧量及微生物种群搭配等。

5.1.1.3　粪便还田注意事项

1. 土地的承载能力

粪肥还田量需根据土壤的承载力情况来确定,若粪肥还田的量在土地承载力范围内,对土壤将起到改良和促进作用;若超过了土地的承载力,那么粪肥对土地来说就成了污染物,将破坏土壤结构和成分,危害作物生长。因此养殖场周边须有足够的土地面积来消纳粪肥。

2. 输送距离

粪肥的输送方式包括运粪车运输和管道输送。车辆输送能力弱,投资小,适合小规模养殖场使用。管道输送能力强,投资大,适合大规模养殖场使用。不论哪种输送方式,从经济角度考虑,对输送的距离都有一定限制。

3. 粪便运输与田间贮存

规模畜禽养殖场通过车载形式将粪便运送至农田。运输车辆应具有防渗漏、防流失和防撒落等防止粪便运输过程中污染环境的结构措施。常用的吸粪车见图 5-2。粪便运输到田间后贮存在贮存池中,田间贮存池应设置在便于运输粪便的沙石路或机耕路旁的农田间,必须远离各类功能的地表水体。同时,田间贮存池的地基应确保坚实,并高于周边农田,不宜设置在交通道路周边或坡地内。贮存池四周应筑 1.5 m 高的围墙,池底设简易排水沟和小型田间贮液池,以利于渗沥液收集,并定期抽出部分液体施用于农田中。田间贮存池应做好防雨措施,确保粪便长期堆放、自然发酵,并防止堆放腐熟过程中释放恶臭。田间贮存池总容积应以当地农作物最长施肥淡季需贮存的粪便总量为依据,最小总容积不得少于 90 d 的贮粪量。

田间贮存池沤制的畜禽粪便必须完全发酵腐熟和达到畜禽粪便还田技术规范的要求才能还田施用。施用时应根据气象预报选择晴朗天气,避免雨天和下雨前一天施用。施用农田与各类功能的地表水体距离不得少于 5 m。

图 5-2　吸粪车

4. 粪便农田施用方法

粪便还田的目的是将粪肥均匀地抛撒到耕地里,使农作物尽可能地充分利用粪肥的养分。粪肥抛撒到耕地表面暴露于空气之中,由于气体挥发,养分容易流失,而钾、磷等养分则会留在土壤表面,大部分无法被农作物利用,更可能被雨水冲刷走。因此,最好的做法是用施肥设备直接将粪肥施入土壤里,或者在土壤表层施肥之后尽快翻土,将粪肥与土壤混合,减少养分流失,提高农作物对养分的利用率。

（1）基肥

粪便作基肥时,可以选择撒施、穴施、条施（沟施）和环状（轮状）施等方法施入农田中。

1）撒施,即在耕地前将肥料均匀撒于地表,结合耕地把肥料翻入土中,使肥土相融,适用于水田、大田作物及蔬菜作物。

2）穴施,即在作物播种时或种植穴内施肥,适用于大田、蔬菜作物。

3）条施（沟施）,即结合犁地开沟,将肥料按条状集中施于作物播种行内,适用于大田、蔬菜作物。

4）环状（轮状）施,即在入冬时节或春季,以作物主茎为圆心,沿株冠垂直投影边缘外侧开沟,将肥料施入沟中并覆土,适用于多年生果树。

（2）追肥

粪便作追肥时,可以选择条施、穴施、环状施、根外追肥等方法施入农田中。

1）条施,同基肥中的条施,适用于大田、蔬菜作物。

2）穴施,即在苗期按株或在两株间开穴施肥,适用于大田、蔬菜作物。

3）环状施,同基肥中的环状施,适用于多年生果树。

条施、穴施和环状施时的沟深、沟宽应按不同作物、不同生长期的相应生产技术规程的要求执行。

4）根外追肥（又称叶面施肥），即在作物生长期间，采用叶面喷施等方法，使作物迅速补充营养，满足作物生长发育的需要。

5.1.2　污水肥料化利用技术——污水还田技术

规模化畜禽养殖场产生的尿液、冲洗水及生产过程中产生的水经过一定的处理工艺进行厌氧发酵后含有大量的有机质和养分。厌氧污水中的氮、磷养分能够代替化学肥料补充土壤中的养分，且在一定程度上可提高作物的养分利用率。同时，厌氧污水含有大量有机质，进入土壤后，污水中的活性物质能活化土壤吸附的磷，使土壤中被固定的磷具有明显的肥效。另外，污水施用可增加土壤孔隙度、土壤有机碳含量。污水还田技术在为作物提供水肥的同时，也促进了养殖废弃物的循环利用，实现粮食生产和环境保护的双赢。

1. 还田输送

经过厌氧处理的养殖污水集水和养分于一体，进行农田施用时，应根据养殖场匹配农田的地形和位置，合理地设置可调配水量的管道、沟渠输送系统或罐车运输系统，确保污水能到达需肥的农田。

农田与养殖场距离较近（1 000 m 以内）时，应用衬砌渠道或管道输水，或采取衬砌渠道与管道输水相结合的形式，通过各个支渠进行施用。污水渠道和管道输送系统应采用防漏、防渗结构，防止污水在输送过程中流失养分。

农田与养殖场距离较远（1 000 m 以外）时，可在田间建立污水农田（贮存）池，并设置阀门。应用污水罐车将厌氧污水运输到农田污水贮存池，用管道连接沟渠输送系统与污水农田贮存池，田间以中、低压输水管道输送为主，也可从池中抽取厌氧污水通过各级管道将其输送到田间。厌氧污水进行农田施用时，避免使用土质渠道，以减少污水中养分的渗漏，防止地下水污染。液态污水运输车见图 5-3。

图 5-3　液态污水运输车

2. 田间贮存

污水田间贮存池应根据农田的实际情况进行设置,合理确定数量和位置,以便均匀施用污水,同时须远离各类功能的地表水体。贮存池的总容积应以匹配农田农作物最长施肥淡季需贮存的畜禽污水总量为依据,最小总容积不得少于规模化畜禽养殖场 90 d 的污水贮存量。贮存池有效深度应控制在 2.0~2.5 m,池底不低于地平面以下 0.5 m,并设置防护栏和醒目标志。贮存池应设置防渗膜,还需配置固定或流动的污水还田设备。

3. 污水水质控制与施用作物选择

污水水质的控制是实施厌氧污水施用的关键。控制水质的途径主要包括以下两方面:一是修建与完善厌氧池和贮存池;二是对污水的收集设施进行改造,比如改进渠道汇水结构、封闭污水收集管道。

研究发现,农作物对养分的吸收、积累情况随着植株的不同部位而变化,会出现养分浓度随果实、籽粒、叶、茎、根逐渐递增的现象。所以,在选择厌氧污水施用的作物时,需要对不同部位可食用的作物采取不同的施用方式。

4. 农田施用

厌氧污水施用于农田时,关于施用量、施用次数及时期,应当充分考虑作物耗水需肥量、气候条件、土壤水分动态、土壤环境状况及作物发育情况等。对厌氧污水进行农田施用时,在不影响农作物、农产品卫生品质的前提下,可因地制宜地采取沟灌、渗灌、漫灌和喷灌方式。应根据气象预报选择晴朗天气和干燥土壤,避免雨天和下雨前一天施用。同时,喷洒在农田的厌氧污水必须在 24 h 内注入。同一地块污水施用时间间隔不得低于 7 d。施用农田与各类功能的地表水体距离不得少于 5 m。

对不同的农作物可采用不同的厌氧污水施用次数和施用量,一般为 2~3 次,单次厌氧污水施用量应控制在 30~800 m^3/hm^2。各类农田厌氧污水单次最大施用量不得超过 900 m^3/hm^2,对于高风险的土地,厌氧污水施用的限值为 50 m^3/hm^2。如种植冬小麦和夏玉米作物,一般可在小麦越冬期、拔节期和抽穗期及玉米种植后进行施用。有清水水源的地方,可以采用清水与厌氧污水轮换施用或混合施用的方式,整个轮作周期由厌氧污水带入的氮量应控制在 240 kg/hm^2。

厌氧污水出水中 NH_4^+-N 的浓度范围为 10~100 mg/L 时,作物适宜施用时期为秧苗期、越冬期、返青期、拔节期、抽穗期,灌水 4~5 次,施用量以 700~800 m^3/hm^2 为宜。厌氧污水出水中 NH_4^+-N 的浓度范围为 100~350 mg/L 时,作物适宜施用时期为越冬期、返青期、拔节期、抽穗期,在作物苗期应尽量避免施用,施用次数 3~4 次,施用量以 500~600 m^3/hm^2 为宜。厌氧污水出水中 NH_4^+-N 的浓度范围为 350~600 mg/L 时,作物适宜施用时期为越冬期、返青期。

5.1.3　微生物发酵床技术

微生物发酵床技术是一种利用微生物进行发酵的无污染、零排放的有机农业技术。根据微生态理论和微生物发酵理论,可用由谷壳、锯末、秸秆等原料组成的基质垫料作为载体,喷洒微生物菌剂,利用有益菌群快速消化分解畜禽粪尿中的有机物以及其他有害物质等,以解决养殖场粪尿排放问题。

5.1.3.1　原位发酵床技术

原位发酵床技术是一种以发酵床为基础的环保、安全、有效的生态养殖技术,家畜在发酵床垫料上生长,排泄的粪尿被发酵床中的微生物分解,无臭味,便于清理,对环境无污染。

1. 原理

动物粪尿排泄物中含有水分、部分纤维素、脂肪、蛋白质等有机物和少量的灰分。磷酸盐、氯化物及钙、镁、钾、钠等盐类是灰分的主要成分,此类灰分不易被降解而长期存在于发酵床内。大部分水分被生物发酵所产生的热量转化为水蒸气挥发到环境中去。发酵床中的微生物产生大量的酶,以有氧呼吸为基础,降解、转化粪便中的有机物,当环境中存在足量的养分时,好氧微生物能将尿氧化分解为水分和二氧化碳,同时产生大量的热量。

2. 生产工艺

首先是选择发酵床垫料原料,垫料要具有透气性好、吸水性强、耐腐蚀、适合菌种生长等特点,如锯末、稻壳、秸秆、棉籽、花生壳、木屑等都可用作垫料。不同地区可因地制宜,就地取材,按照一定比例将原料铺设在舍内地面上,加入微生物菌剂。家畜将粪污直接排于发酵床上,工作人员定期对发酵床进行翻抛,根据垫料消耗情况及时补充、更新垫料。当垫料发酵腐熟到一定时间后,对垫料进行清理,并运送至有机肥厂作为生产有机肥的原料生产加工有机肥。工艺流程见图5-4。

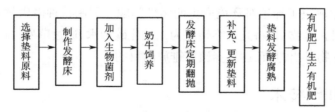

图5-4　原位发酵床处理模式工艺流程

3. 特点

1)优点。①家畜粪尿可长期留存于舍内,不需要对粪尿进行清扫及冲洗,不会排放大量的粪尿污水,从而减少了对环境的污染。②与传统饲养方式相比,既减少了垫料的使用量,也减小了堆粪场的面积。③发酵床不能使用后,垫料可进行堆积发酵,作为优质有机肥原料生产有机肥,从而做到无污染、零排放,生态效益十分突出。④利用发酵床饲养家畜,可减少氨气、一氧化二氮等臭味物质的产生和挥发,改善舍内空气质量。⑤冬季保温效果好,同时可降低畜舍投入成本、人工成本,减少设备投资。

2)缺点。①由于发酵床舍内不能使用化学消毒药品和抗生素类药物,床面若长期不清理打扫,病毒将长期存在于温床上,一旦导致家畜发病将损失惨重。②发酵床的温度和湿度很难控制在一个理想水平,易使家畜患皮肤病和肢蹄病。③发酵床存在成本问题,垫料铺得薄不能分解掉牛粪,铺得厚则成本比较高。

5.1.3.2 异位发酵床技术

异位发酵床技术主要用于养猪场。该模式下的生猪养殖是将养殖舍产生的粪尿转运至外建垫料发酵舍,再利用微生物菌群进行生物降解处理。异位发酵床主要由发酵槽、发酵垫料、发酵微生物接种剂、翻堆装备、粪污管道、防雨棚等组成。粪污的降解过程以好氧发酵为主。在降解处理中,翻抛机还会对发酵床进行翻抛,使垫料与粪尿混合充分,有利于微生物菌种及时、充分地分解粪污并将其转化为高效的生物有机肥或者进行垫料的二次使用。

1. 生产工艺

异位发酵床整个工艺装备由排粪管、暂存池、喷淋池、异位发酵床、翻堆机等组成。舍内的粪污通过尿泡粪,经过排粪沟进入暂存池,在暂存池内通过粪污切割搅拌机搅拌防止沉淀,经粪污切割泵打浆并抽到喷淋池,喷淋机将粪污浆均匀喷洒在异位发酵床上,添加微生物发酵剂,由行走式翻堆机翻堆,使垫料与粪污混合发酵,消除臭味,分解粪便,产生高温,蒸发水分。喷淋机周期性地喷淋粪污,翻堆机周期性地翻耕混合垫料,如此往复循环,完成粪污的处理,最终产生生物有机肥。

2. 特点

与传统养殖方式相比,异位发酵床技术真正实现了养殖无排放、无污染、无臭气的零排放清洁生产。异位发酵床也不同于原位发酵床,它在解决固体粪便的同时利用微生物发酵升温持续有效地控制处理污水,避免了原位发酵床中由于养殖场污水量大,超过发酵床自身的消纳能力而引发的床体内部污染并"死床"的问题。

该技术较好地解决了养殖对环境产生的污染问题。利用特种微生物迅速有效地降解、消化粪污中的有机化合物,并将其最终转化为二氧化碳和水,通过蒸发,排入大气,从而使养殖场没有任何废弃物排出,真正达到养殖零排放的目的。

5.2 能源化利用技术

沼气工程技术是以厌氧发酵为核心的畜禽粪污处理方式。20 世纪 70 年代末期,国外开始研发沼气处理技术,主要用于城市生活污水和畜禽养殖场粪污处理。目前,欧洲、美国、加拿大等地区和国家均建有大规模的沼气工程设施,生产的沼气主要用于发电。我国于 20 世纪 70 年代建设了一批沼气发酵的研究项目和示范工程。 20 世纪 80 年代开始,农村户用沼气开始逐渐在全国部分省市进行示范与推广。20 世纪 90 年代中后期,大中型沼气工程在规模化养殖业快速发展的东部地区及大城市郊区快速发展,为减少规模养殖废弃物的环境污染、改变城乡卫生环境发挥了积极的作用。

养殖场沼气工程技术包括预处理、厌氧发酵、后处理 3 个部分。预处理的作用主要是通过固液分离、沉砂等去除污水中的猪毛、塑料等杂质;厌氧发酵则是对预处理后的污水进行发酵处理,对养殖污水中有机污染物进行生物降解;后处理主要是对发酵后的剩余物进行进一步处理与利用。粪便通过集中处理后主要产生沼气、沼渣和沼液。沼气的用途非常广泛,它可用于发电、生产天然气、烧锅炉、照明、火焰消毒和用作日常生活用气,沼渣和沼液主要用来生产有机肥。粪污能源化利用工艺流程见图 5-5。

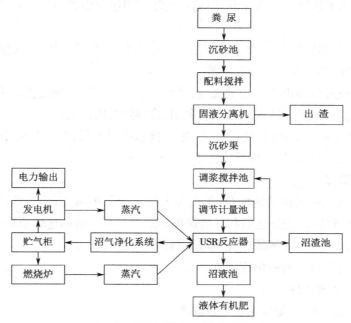

图 5-5　粪污能源化利用工艺流程

5.2.1　沼气利用技术

5.2.1.1　沼气工程技术的优缺点

1. 沼气工程技术的优点

1）减少疾病传播。养殖场废弃物中的虫卵及病原微生物经过中高温厌氧发酵后被基本杀灭，可有效减少疾病的传播和蔓延。

2）变废为宝。发酵后的沼气经过脱硫处理后，是优质的清洁燃料，可减少温室气体的排放量，并使废弃物得以再生利用，实现清洁生产和畜禽废弃物的零排放，取得显著的环境效益。

发酵后的沼液中含有各类氨基酸、维生素、蛋白质、赤霉素、生长素、糖类、核酸等，也含有对植物有害病菌有抑制和杀灭作用的活性物质，是优质的有机液态肥，其营养成分可直接被农作物吸收，有利于增加农作物产量，提高农产品品质。同时，向植物叶面喷施沼液，对部分病虫有较好的防治作用，可减少化肥和农药污染，为无公害农产品生产提供保障。

发酵后的沼渣营养成分较全面，养分含量较丰富，其中含有机质 36%~49%、腐殖酸 10.1%~24.6%、粗蛋白质 5%~9%、氮 0.4%~0.6%、钾 0.6%~1.2%，还有一些矿物质养分，是优质的固体肥料，同时对改良土壤起着重要作用。

3）改善环境。养殖场粪污进行厌氧发酵处理可减少甚至避免粪污过程中的臭气排放，能有效改善养殖场及其周围空气环境的质量。

2. 沼气工程技术的缺点

沼气工程技术虽然具有很多优点,但是在实际应用过程中也存在一些缺点,主要包括如下几点。

1)沼气发酵受温度影响大:夏季温度高,产气率高;冬季温度低,产气慢且效率低,特别是在北方寒冷地方,冬季粪污处理效果差。

2)大中型规模养殖场由于污水量大,需要建设的沼气工程设施的投资大,运行成本高。

3)沼渣和沼液如不进行适当的处理或利用,将导致二次污染。

4)厌氧发酵池对建筑材料、建设工艺、施工技术等要求较高,任何环节稍有不慎,容易造成漏气或不产气,影响沼气工程设施的正常运行。

5.2.1.2　场地的选择

选择建设沼气发电工程的地址时,除须考虑符合行业布局、国土开发整体规划外,还应考虑地域资源、区域地质、交通运输和环境保护等因素。其主要的选址原则如下。

1)符合国家政策和生态能源产业发展规划。

2)满足项目对发酵原料的供应需求。

3)交通方便,运输条件优越。

4)充分利用地形地貌,地质条件符合要求。

5)位于居住区下风向,离居住区 1 000 m 以上。

6)满足养殖场的防疫要求,并远离水源。

7)基础条件适合沼气发电工程的特定生产需要和排放要求。

5.2.1.3　场地平面布局

场地平面布局应符合沼气发电工程工艺的要求,确保功能分区明确,布置紧凑,便于施工、运行和管理;场地平面布局应结合地形、气象和地质条件等因素,经过技术经济分析确定。

1)竖向设计应充分利用地形、设施高度,达到排水通畅、降低能耗、土方平衡的要求。

2)构筑物的间距应紧凑、合理,并满足施工、设备安装与维护、劳动安全的要求。

3)附属建筑物宜集中布置,并应与生产设备和处理构筑物保持一定距离。

4)各种管线应全面安排,流程力求简短、顺畅,避免迂回曲折和相互干扰;输送污水、污泥和沼气的管线的布置应尽量减少管道弯头,以减少能量损耗,便于清通。

5)各种管线应用不同颜色加以区别。

6)厂内绿化面积不小于 25%。

7)总平面布置满足消防的要求。

5.2.2　沼液利用技术

沼液作为畜禽污水厌氧发酵产物是一种宝贵的肥料资源,通过农田利用,既能解决畜禽养殖的污染问题,又能与种植业结合,实现资源化利用。

5.2.2.1　沼液贮存

厌氧发酵后的沼液在非施肥季节暂存于沼液贮存池中。厂家应根据种植作物的施肥周期、当地的气候条件及养殖场每天产生的沼液量,设计适当的贮存周期,因作物施肥时间特定,其间可能受天气影响,建议将沼液暂存于沼液贮存池 6~9 个月。沼液贮存池底部需做防渗处理,后铺设高密度聚乙烯膜(HDPE 膜),最外层使用"土工格栅 + 混凝土"结构。其他地质条件可采用 HDPE 膜或钢筋混凝土防渗。

5.2.2.2　沼液输送

沼液能否真正地被送到农田施用,过程中的输送非常重要。常见的沼液运输方法有罐车运输、管道输送。

1. 罐车运输

沼液可通过罐车输送到农田施用。常见的罐车分两种,一种是国内的吸污车,另一种是国外普遍使用的施肥罐车。两种罐车都能够很好地实现沼液从养殖场到农田的输送。

1)吸污车。吸污车是可收集、中转、运输沼液,避免二次污染的新型环卫车辆,适用于收集、运输粪污、沼液等液体物质。

吸污车的工作原理:由于吸粪胶管始终浸没于液面下,粪罐内的空气被抽吸后,因得不到补充而越来越稀薄,致使罐内压力低于大气压力,粪液即在大气压力作用下,经吸粪胶管进入粪罐。由于虹吸管接近罐底,空气被不断排入粪罐时,因没有出路而被压缩,致使罐内压力高于大气压力,粪液即在压缩空气的作用下,经虹吸管、吸粪胶管排出罐外。

吸污车的优点:抽吸效率高,可自吸、自排及直灌,使用寿命长,工作速度快,操作简便,运输方便,抽满粪罐时间不超过 5 min,吸程大于 8 m,容积达 3~10 m³。

吸污车的使用范围:适用于规模较小的养殖场沼液还田或需肥地块距离养殖场较远的情况,不用额外建设管网或者其他输送设施,施肥机动性强。

2)施肥罐车。大型施肥罐车对沼液肥进行深施,可以保证沼液肥的肥效得到最好的保存,使其利用效率达到最大化,适用于大型农场或是农民合作社。该设备一次性投资大,但是可以对任意地块施肥。

2. 管道输送

管道输送只需一次性投资,但具有使用时间长、便于管理等优点。管道铺设完成后能够更好地按作物的需肥情况进行施肥。

养殖场自建施肥管网可以采用"污水潜水泵 + 压力罐 + 固定管道 + 预留口"的方式将沼液输送到农田,需要使用时将软管与预留口连接进行施肥。

1)压力罐设置。沼液通过"污水潜水泵 + 压力罐"的方式向场外输送。污水潜水泵设置压力启停装置,在压力罐后端设置总开关,实现沼液利用源头总控。输送方式采用"两进一出"方式,单个压力罐的输送距离控制在 2 km 以内,保证施肥季节时的最大流量和最高利用率。

2)固定管网。沿田边地头铺设管网,主材料采用 PVC 管,管道埋深在 80 cm 以上,防止损坏。管网连接处要密封严实,防止跑冒滴漏。根据可施肥时间、沼液量及土地面积配套管网长度,固定管可由直径为 160 mm 的主管道、110 mm 的分管道和 75 mm 的预留口组成。

根据地形与施肥便捷的原则,在田间地头设置预留口,预留口最好用水泥柱保护,防止损坏。施肥软管可使用消防水管,以方便移动,软管长度根据固定管网内沼液压力大小确定,不宜超过 150 m。沼液贮存池处应设置总阀门,每条主管线应设置支阀门,每个施肥口再设置阀门。要控制好阀门的开关,防止预留口沼液滴漏及其他损害而造成污染。

3)沼液施用。施肥时间应根据农作物的养分需求时间确定,施肥一般采用施基肥和追肥的方式。基肥可采用开沟漫灌的方式,建议隔行施肥,避免过量施肥;追肥依据便捷性原则,可采用沟灌、喷灌、滴灌等方式。

基肥与追肥的施加量应根据土地及作物不同时间的需肥量确定,一般大田作物如玉米、小麦,可施基肥一次、追肥一次,施加比例可控制在 2:1,具体数据应与作物匹配。地下水水位较浅的区域建议采用喷灌或滴灌方式施肥,防止对地下水造成影响。

5.2.3　沼渣利用技术

粪便通过厌氧发酵集中处理后产生的沼渣量比较大,一般都生产成有机肥,通过有机肥的使用达到资源化利用的目的。

1. 沼渣的主要成分

沼渣是畜禽粪便发酵后通过固液分离机分离出的固体物质,含有丰富的有机质、腐殖酸、氨基酸、氮、磷、钾和微量元素,以干物质计算,有机质含量一般在 95% 以上,其他成分根据发酵原料的不同而有所差别。

2. 沼渣的作用

沼渣主要用于生产有机肥,用作农作物基肥和追肥。通过有机肥的施用,不但达到了化肥减量的目的,而且改良了土壤。沼渣还可用于配制花卉、苗木、中药材和蔬菜育苗的营养土。

3. 用沼渣制作有机肥的工艺流程

有机肥生产设施有固液分离机、烘干机、翻堆机、皮带输送机、搅拌机、有机肥造粒机、自动包装机、沼液输送泵、液体肥贮备池、化验设备及有关附属设施。

用沼渣制作有机肥的工艺比较简单,一般有机肥只要对固液分离出的沼渣进行烘干或将沼渣置于阳光棚内晾干就可装袋。如果配制不同作物的专用肥,就需要根据不同作物的营养需要添加相应的元素和载体。

5.3　基质化利用技术

固体牛粪可制作牛床垫料、食用菌栽培基质和蚯蚓养殖基质等,以上方法均为奶牛场生态循环经济的组成部分,在国内外得到普遍应用。

5.3.1　牛床垫料

由于奶牛饲料消化率高,粪便中纤维含量高,相对而言,其粪尿的生化需氧量、化学需氧量、氮、磷等含量较猪、鸡的低一些,这为牛场固体干粪用作垫料提供了条件。牛粪作为牛床垫料与其他常用垫料相比具有明显的优势:一是与稻壳、木屑、锯末、秸秆等垫料相比,牛粪不需要从市场购买;二是与橡胶垫料相比,其不仅成本低,且舒适性、安全性较好;三是与沙子相比,不会造成清粪设备、固液分离机械、泵和筛分器等严重磨损,在输送过程中不易堵塞管路,不会沉积于贮液池底部,不需要经常清理;四是与沙土比,牛粪松软不结块,不容易导致奶牛膝盖、腿部受伤,且有利于后续的粪便处理。因此,用牛粪制作牛床垫料基质舒适、方便、节能、环保,可实现奶牛场内部资源的循环利用。牛床垫料见图 5-6。

图 5-6　牛床垫料

1. 垫料的制作方法

牛粪垫料使用的场合主要包括运动场和牛舍中的卧床,具体做法有以下几种。

1)牛舍内的铲粪车将粪铲出后直接铺在运动场上。由于室外相对干燥,牛粪中的水分会逐渐减少,放置一两天后,牛比较喜欢卧在铺有牛粪的运动场上休息。但这种方式不适于雨季使用。

2)将粪便进行固液分离后,固体部分经晒场晾晒,水分降到 50% 以下,将固体牛粪回填牛床。这种利用方式要求固液分离设备出料的含水量应尽可能低,最好不要超过 65%,并且由于未对牛粪做消毒杀菌等处理,会存在一定的安全隐患。

3)粪便经固液分离后再经堆积发酵或条垛发酵处理后可作为卧床垫料,或牛场粪便直接进入沼气池处理,处理后再进行固液分离,沼渣部分经晾晒后作为卧床垫料。经过好氧或厌氧处理后的牛粪垫料的生物安全性大大提高。

①条垛好氧发酵堆肥。条垛好氧发酵堆肥指将干湿分离后含水量低于70%的固体物料堆制成宽4~6 m、高1.5 m左右的堆垛(长度视粪量和场地确定),露天或者在堆粪棚内发酵处理,采取强制通风方式和翻堆机翻堆方式给发酵料堆供氧。堆料有机物在微生物作用下发酵分解,产生二氧化碳和水,同时产生热量,使堆温上升。在发酵期间,不设强制通风设备的条垛,原则上应当每隔2 d翻堆一次,到第12 d,将堆料摊开晾晒风干2 d,其水分降到约50%即可作为牛床垫料使用。采取强制通风方式发酵的条垛,只要分别在第1 d和第5 d翻堆两次,到第10 d将料堆摊开晾晒风干2 d,水分降到约50%即可。如果想进一步降低水分,只需增加晾晒风干时间。这种方法多适用于大中型规模奶牛场。

以上发酵时间都指的是在夏季气温较高的情况下,若秋冬季气温较低,发酵时间要适当延长。确定发酵时间的方法和依据是坚持温度测定,保证每隔1 d测定一次温度,保证堆内55 ℃以上高温持续时间不低于1周,以达到无害化处理的目标。

采用条垛好氧发酵露天堆肥时如遇雨雪天气,可用草毡子遮盖,也可用塑料布覆盖遮雨,但雨雪过后,应当及时揭开覆盖物,避免料堆出现厌氧反应。

②堆积发酵。首先牛粪通过固液分离含水率降低6%左右,也可以添加木屑、稻草等辅料调节牛粪含水率。在含水率适宜的情况下,牛粪能依靠自然微生物菌群进行发酵,实现无害化。具体方法是将含水率为70%左右的固形物堆成顶宽1 m、底宽3 m、高1.2 m、长5~10 m的堆体,采用塑料膜覆盖顶部,四周用土压实,堆积发酵6周后,掀开塑料膜,经晾晒风干,其水分达到45%~50%即可作为垫料使用。这种方法多适用于小规模奶牛场。

2. 常见牛粪卧床垫料制作工艺

牛舍内的新鲜牛粪经过水冲循环系统被收集到集粪池进行混合搅拌,然后通过粪污泵泵入一次筛分器进行固液分离。筛分器类似筛网,将固体留在网面上,通过传送带进入牛床垫料制作区进行牛床垫料的晒制。一次筛分后的混合液体进入二次筛分中转池,经搅拌后进入二次筛分器,二次筛分后固体作为有机肥原料,液体进入沉砂池和污水转移池,为生产区提供回冲用水。

如果奶牛场周围有足够的农田消纳所有污水,则可省去二次筛分。含水率为80%左右的新鲜粪尿或混合物经过固液分离后含水率可降为60%左右。分离后的固体用铲车运至堆肥发酵槽(发酵槽的容积应根据牛场规模而定),依次堆放,堆放高度为1.2~1.3 m,约3 d翻堆一次,采用行车式翻堆机供氧。经过约4周的好氧高温发酵,腐熟后的牛粪含水率低于30%,经晾晒干制后可用作牛床垫料。用作牛床垫料的牛粪用量一般为每天每头牛9 kg,每周添加一次。牛床以土面为床底,夯实之后垫上10~20 cm厚的牛粪垫料。牛粪卧床垫料制作工艺流程见图5-7。

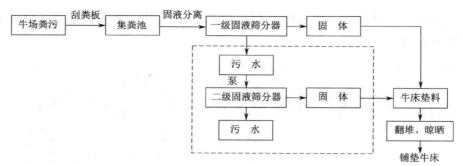

图 5-7 牛粪卧床垫料制作工艺流程

3. 常用设备

研究表明,牛粪的水分主要由纤维和胶体形成致密的网状结构而蓄积大量水分引起,因此固液分离是目前降低牛粪含水率的常用方法,通过机械破坏牛粪中致密的网状结构而达到脱水目的。生产牛床垫料的常用设备为固液分离机,国内外比较成熟的固液分离设备有国产固液分离机、进口固液分离机和螺旋式分离机。

国产固液分离机一般每小时分离牛粪浆液 40~50 m^3,分离出固体物 5~6 m^3,固体物的干物质可达 50%~70%。螺旋式分离机是吸收国外固液分离技术,根据国内畜禽养殖特点设计的固液分离专用设备,每小时可处理污水 40~80 m^3,可依据牛粪的不同,调节出料牛粪的干湿度,分离后的牛粪干物质可达 40%~50%。

其在使用时须注意安装角度,一般安装角度约为 72°,否则直接影响物料分离后的固液比例。进口设备和国产设备的价格差异很大,应根据牛场的经济实力和生产能力等因素进行选择。

4. 牛床再生垫料系统

近年来,奥地利开发了一种专业牛床再生垫料成套设备——BRU 牛床再生垫料系统,使牛粪作为牛床垫料既卫生又安全,具有保障奶牛健康、提高奶牛卧床舒适度、减少奶牛肢蹄疾病、易于处理粪便的特点,经济、生态、社会效益得到显著提高。该设备已在美国、加拿大和欧洲得到应用。天津、上海等地的牛场也已引进了该技术设备。

该系统的工艺流程如图 5-8 所示。奶牛场牛舍中的粪便在刮粪车的作用下,被清理收集到牛舍一端的粪沟中,在地下管道中水压的作用下,粪便与回冲的污水一起被排至集粪池 A 池中。池中的粪便经管道运输,到达 BRU 主机,开始进行固液分离。由于分离机分离液体的量远小于管道输送的粪便量,故未被 BRU 主机及时分离的液体将回流至集粪池 A 池中。物料经 BRU 主机分离后固体含水率较低,约为 50%,被输送到发酵仓,进行发酵;而得到的液体仍含有较多固体物质,故首先经管道输送到 B1 池,然后经 B1 池到达二次固液分离器,进行第二次固液分离。进入发酵仓内的固体物料经好氧菌发酵产生 65~70 ℃的高温,对物料进行杀菌及干燥,然后通过输出设备运送至垫料仓。垫料仓内的垫料可使用抛撒车运至牛舍,直接作牛舍的卧床垫料。进入二次分离器的粪便经固液再次分离后(与 BRU 主机情况类似,未能被及时处理的液体将通过管道回流至 B1 池),固体直接到达肥料库,经堆肥发酵后作为固体肥料,施用于农田或果园等;液体经管道输送至 B2 池。B2 池中的液体经过两次固液分离,含固率较低,可直接用来回冲漏粪池,或经地下管道输送至氧化塘,经氧化发酵后作液肥使用。

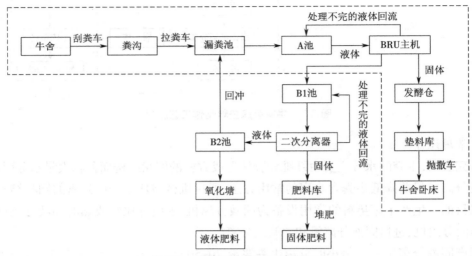

图 5-8　牛床再生垫料系统流程图

5. 注意事项

应及时清除牛舍中新产生的牛粪,以减少新鲜牛粪对牛床垫料的污染;牛床垫料的更换频率宜控制在每周一次;有条件的奶牛场应适当增加牛粪垫料的好氧或厌氧发酵时间,以最大限度地保证牛粪垫料的安全性。

5.3.2　蚯蚓养殖基质

蚯蚓是一种杂食性的环节动物,俗称"地龙"。蚯蚓属变温动物,且雌雄同体,异体受精,主要以土壤中的腐烂物质为食,如腐烂的落叶、枯草、蔬菜碎屑、作物秸秆、畜禽干粪、瓜果皮等。

蚯蚓吞食畜禽干粪,将其转化为可被植物吸收利用、质地均匀、无臭、与泥土可较好地混合的有机质,且其自身有较高的经济价值,抗病力和繁殖力都很强,生长快,对饵料利用率高,适应性强,容易饲养,故在畜禽粪便处理中可以将畜禽干粪作为培养基饲养蚯蚓。研究显示,1 亿条蚯蚓一天可吞食 40~50 t 垃圾,排出 20 t 蚯蚓粪。蚯蚓干燥后可制成鱼类或禽类的高蛋白饲料。

牛粪是蚯蚓养殖的良好基质,蚯蚓养殖在传统堆肥基础上依靠奶牛粪便中的营养进行增效,对粪便进行去污除臭,从而达到节能减排的目标,是两种养殖相结合的资源高效循环利用处理模式。

1. 原理

蚯蚓通过自身的消化系统,在蚯蚓砂囊的机械研磨作用和肠道内蛋白酶、脂肪酶、纤维酶、淀粉酶等的生物化学作用下对食物进行分解转化,将有机废弃物转化为自身或其他生物易于利用的营养物质,从而达到畜禽粪便无害化和资源化的目的。利用蚯蚓处理有机废弃物既可以生产优良的动物蛋白,又可以生产生物有机肥。

2. 特点

蚯蚓养殖技术工艺简便,费用低廉,能获得优质有机肥和高蛋白饲料,且不产生二次废物,不形成二次环境污染;蚯蚓的养殖周期短,繁殖率高,饲养简单,投资小,效益高;蚓粪是高效的有机肥,氮、磷、钾和有机质极为丰富,例如经蚯蚓处理的牛粪中矿质氮、速效钾、微生物(细菌、真菌和放线菌等)数量、碳氮含量和酶活性等都要高于自然堆制的腐熟牛粪,且具有干净卫生、无异味、通风透气性好、保水保肥性好等特点,可作为蔬菜、花卉、果树、烟草种植中的优质有机肥料。

此外,蚓体本身可作为高蛋白的饲料,用于饲喂鱼、虾及禽类等,并且有较高的药用价值,例如从蚓体中提取的蚓激酶可以作为防治疾病的药品或保健品。

3. 蚯蚓养殖流程

(1)场地容器选择

蚯蚓可建池饲养或用容器饲养。建池饲养时,在地面挖出大小合适的坑,做到防逃、防积水即可。用容器饲养时,可以选择木箱、篓、缸等培养容器或进行室内堆料饲养。由于蚯蚓喜欢潮湿、温暖且通风良好的环境,在使用木箱作为培养容器时,可在木箱底部钻一些密集的小孔,小孔的直径不宜过大,保证水滤过即可,若小孔直径过大,则蚯蚓易逃跑。

(2)准备饲养原料

牛粪、农作物秸秆、果皮果渣和蘑菇渣等均可用来饲养蚯蚓。研究显示,混合配比原料中牛粪(10%)、猪粪(20%)、平菇渣(20%)和 0.5% EM(有益微生物群)菌剂有助于蚯蚓的生长和繁殖(戴孟南等,2014)。鲜牛粪和干牛粪经一定处理后,都可用作蚯蚓的培养基。

(3)制作饲养床

对烘干的牛粪及其他原料进行机械粉碎,然后将其平铺在木箱表面。注意制作饲养床时,平铺的牛粪层不宜过厚。

(4)养殖条件

蚯蚓是喜温动物,适宜的生长温度为 15~25 ℃,最适宜的温度为 20 ℃,喜欢在较为湿润的弱碱性环境下生长繁殖,饲养基的适宜 pH 值为 8~9。以大平 2 号赤子爱胜蚓为例,其饵料 pH 值为 8~8.5,其中鲜牛粪的含水率为 70%,腐熟鸡粪的含水率为 65%,温度为 20~25 ℃,最佳接种密度为 8 条 /250 克(湿重,含水率为 70%)。在条件允许的情况下,接种 EM 菌会使蚯蚓的繁殖效果更好。

(5)投放种苗

首先将饲养床刨松,然后一次性用水浇透饲养床,最后将蚯蚓放在饲养床的表面,盖上草料垫子。注意饲养密度要适宜,不要放过多蚓种,以防饲养密度过大,影响蚯蚓正常的生长繁殖;蚓种也不宜过少,否则浪费饲养空间。品种可以选择大平 2 号、北星 2 号等。

(6)日常管理

早期饲养蚯蚓时,要间隔 1 d 或 2 d 观察一次饲养床。如发现蚯蚓有向外逃跑的现象,则检查饲养床的湿度及牛粪量。饲养一段时间后,可每 3~5 d 检查一次饲养床。注意观察蚯蚓的生长发育状况,根据饲养情况,适时适当进行调整,一般每 20 d 加料一次。以牛粪为蚯蚓的饵料,适时适量为蚯蚓添加饵料,以保证蚯蚓有足够的食物。蚯蚓养殖每 40 d 为一个周期,一年可养 9 批。

蚯蚓为雌雄同体,异体受精。性成熟的蚯蚓每隔七八天产卵一次。卵茧 15~20 d 可孵化出幼蚓。一个卵茧可孵出三四条小蚯蚓,这些小蚯蚓 2~3 个月成熟,4~6 个月可繁殖 10 倍。其生产工艺流程见图 5-9。

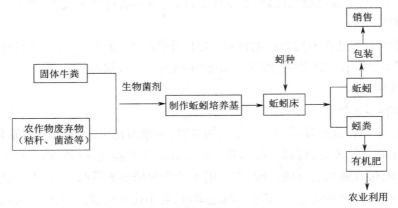

图 5-9　牛粪饲喂蚯蚓生产工艺流程

（7）影响因素

保证蚯蚓的正常生长与繁殖是利用蚯蚓进行粪便处理的前提条件。蚯蚓的生长与繁殖除与自身品种有关,还受到畜禽粪便种类、碳氮比(C/N)、温度、湿度、接种密度及 pH 值等因素的影响。当各种因素都处于适宜的范围时,温度和接种密度是影响蚯蚓生长和繁殖及粪便处理效果的最主要因素。

1）碳氮比(C/N)。畜禽粪便的 C/N 值对蚯蚓生长和繁殖具有重要影响。C/N 值可通过添加稻草、秸秆和锯末等辅料进行调整。C/N 值过高,氮素营养少,蚯蚓发育不良,生长缓慢;C/N 值过低,氮素含量高,容易引起蛋白质中毒症,导致蚓体腐烂。因此,C/N 值是反映蚯蚓处理适应性的综合指标。

2）温度。温度对蚯蚓的繁殖率和蚓茧的孵化率具有一定的影响,控制适宜的温度可以提高蚯蚓生长、繁殖和粪便处理的效率。适合蚯蚓生长的温度范围为 15~25 ℃,因此,在炎夏和寒冬,要求分别采取降温和保温措施。在北方地区,开放式饲养蚯蚓能够保证蚯蚓的温度要求,但粪便中的水分很快会蒸发,如果以塑料薄膜覆盖,能够保住湿度,但可能使温度升高,给蚯蚓的生存带来危险,因此,可选择在暖棚内进行蚯蚓饲养。

3）湿度。蚯蚓属于喜湿动物,适当的湿度是维持其体液平衡、酸碱平衡、代谢平衡的基本保证。蚯蚓能够适应的湿度范围为 30%~80%,最适宜的湿度范围为 60%~70%,在生长期要求粪便含水率为 70% 左右,在繁殖期粪便含水率最佳为 60%~66%。

4）接种密度。蚯蚓的最佳接种密度为 8 条 /250 g(湿重,含水率为 70%)。蚯蚓的接种密度决定了粪便的处理效率,在一定范围内,随着蚯蚓接种密度增加,粪便处理效率相应提高,但若种群密度过大,蚯蚓之间会发生对食物和生存空间的争夺,相互抑制,影响生长和繁殖,甚至出现蚯蚓逃跑的现象,进而影响处理效果。因此,保持适宜的接种密度有利于提高蚯蚓的生长率、繁殖率和粪便的处理效率。

5)pH 值。蚯蚓对生长和繁殖环境有一定的酸碱度要求,pH 值过高或过低均会影响其活动能力及肥料质量。蚯蚓的最适宜生长 pH 值是 8~9,最适宜繁殖 pH 值是 6~9。畜禽粪便自身的 pH 值基本接近中性,如果过碱则可用磷酸二氢铵进行调整,过酸可用 20% 石灰水或清水冲洗调整。

6)其他。在处理畜禽粪便的过程中,除了以上主要影响因素外,畜禽粪便的种类,发酵程度,含有的重金属、抗生素等有毒有害物质,以及在高温条件下,蚯蚓处理粪便过程中产生的氨气和硫化氢等气体,都会影响蚯蚓的生长和繁殖,阻碍它们对畜禽粪便的处理。因此,在应用蚯蚓处理畜禽粪便前,要根据畜禽粪便的实际情况控制好环境因素。

5.3.3 食用菌栽培基质

食用菌的栽培基质主要为食用菌的生长提供水分和营养物质等。粪便中含有粗蛋白、粗脂肪、粗纤维及无氮浸出物等有机物质和丰富的氮、磷、钾等微量元素,故可以使用畜禽干粪作为食用菌的栽培基质。这样既解决了畜禽养殖场内粪便处理的难题,减少了粪便对环境的污染,又为食用菌的生长提供了丰富的营养物质,使栽培出的食用菌品质更加优良,产量大幅度提高,可提高养殖场和食用菌厂的整体经济效益。

使用粪便栽培食用菌的具体工艺为:先将新鲜的粪便在强光下暴晒 3~5 d,直至粪便表面的粗纤维物质凝结成块(通过固液分离后的固体物料也可用作食用菌的栽培基质);然后在粪便中加入含碳量较高的稻草或秸秆以调节碳氮比,再添加适当的无机肥料、石膏等,使用捶捣等方式将其充分混合,最后将粪便混合物进行堆制发酵,直至含水率为 60%~85%,其即可作为栽培基质栽培食用菌,工艺流程见图 5-10。

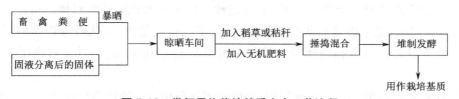

图 5-10 粪便用作栽培基质生产工艺流程

5.4 其他利用技术

5.4.1 生物利用模式

牛粪可养殖无菌蝇蛆。家蝇的养殖可分为无菌养殖及普通培育两种方法。无菌蝇蛆的产量高,营养价值高,无菌,无臭味,实用性强,但技术含量高,适合规模化养殖场。

1. 养殖设备

蝇笼。笼高 1.5 m(其中笼脚高 50 cm),宽 60 cm,长 100 cm。笼的底面可用三合板,四周用 12 目的铁纱窗钉上。在大的洞口,缝上 1 个裤脚作为换料进出口。利用笼养种蝇可实现集中产卵,然后将卵接种到粪便上育蛆,可集约产蛆,用光照法分离可获取纯蛆。

2. 生产流程

1)配方。育蛆原料配方:80% 鲜牛粪、10% 麦麸和 10% 花生渣。集卵原料配方:80% 鲜牛粪、10% 麦麸、9.5% 花生渣和 0.5% 碳酸氢铵。种蝇原料配方:5% 黄糖、5% 奶粉、5% 鲜鸡蛋、0.2% 维生素 C、0.2% 蛋氨酸和 84.6% 水。

2)粪料的发酵。用 EM 按 1∶10 的比例稀释发酵,湿度在 70%~80%,混合发酵 1~2 d 即可使用。把集卵原料放在育蛆平台的粪料上,次日可见幼蛆,2 d 后可见成熟的蛆虫爬出粪堆,向平台稍高的一侧爬行,将其取出用浓度为 1/5 000 的高锰酸钾溶液漂洗 10 min 即可使用。

3)投料、集蝇卵和取蛆的时间。投料(种蝇饲料):不定时,观察料被吃完便投,注意每次投料不可太多,集卵原料早上放入笼内,晚上取出放进育蛆平台。按该技术养殖,每天每个笼可产出 10 kg 的蝇蛆。

每批粪原料能生产一批蝇蛆,之后粪料还可用于养殖蚯蚓。蝇蛆需生长在适宜温度范围内,温度偏高或偏低均影响出蛆时间。因此,生产计划要根据温度变化随时调整,以保证鲜蛆稳定、平衡地供应。

5.4.2　生物质燃料

由于猪粪和鸡粪等家畜、家禽的粪便在燃烧后会产生恶臭气体,对环境造成危害,因此一般使用含粗纤维物质较多的牛粪作为固体燃料。

1. 粪便压块成碳棒

粪便干燥后,与秸秆、薪柴、粉碎的煤等按照一定比例掺混后,加入添加剂、固硫剂等,利用木质素、纤维素、半纤维素的黏结作用,经过成型机压制而成固体燃料棒。这种产品燃烧时火苗高,无气味,完全燃烧后灰烬细腻,大气污染物排放量少,可代替煤作为取暖炉的燃料,是一种新型的农村生物质燃料。其每年可节约近千吨燃煤,同时又解决了粪便污染难题。

粪便压块成碳棒的制作工艺流程为:粪便经固液分离后的固体进行堆肥发酵,除去部分水分,然后在晾晒车间晾晒风干后,与秸秆、薪柴、粉碎的煤等按照一定比例掺混,再加入添加剂、固硫剂等,经机械搅拌混合均匀后,进入粪便压制成型车间,制作成条形燃料棒,作为冬季燃料使用。粪便用作生物质燃料工艺流程见图 5-11。

粪便的热值为煤的 70%~80%,即 1.3 t 的粪便成型燃料块的热值相当于 1 t 煤的热值。粪便成型燃料块在配套的下燃式生物质燃烧炉中燃烧,其燃烧效率是燃煤锅炉的 1.3~1.5 倍,因此 1 t 牛粪成型燃料块的热量利用率与 1 t 煤的热量利用率相当。经检测,牛粪含硫 0.16%~0.22%,远低于煤的 1%~3%,是一种安全环保的清洁能源。燃烧后排放的废气中没有 CO,且 NO_2 浓度约为 14 mg/m³,烟尘浓度低于 127 mg/m³,远低于国家标准,所以牛粪被称为零排放能源。

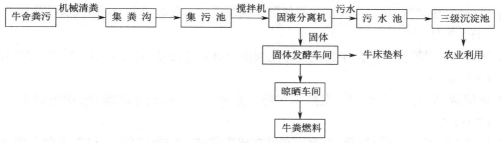

图 5-11 粪便用作生物质燃料工艺流程

将牛粪加工成固体燃料块的优点是:成本低,附加值高,燃尽率可达 96%,燃烧后灰烬含镁、钾、钠等元素,是上好的无机肥料,实现了"牧草养牛,牛粪做燃料,燃料燃烧后灰烬做肥料,肥料提高牧草产量,牧草又用来养牛"的有效循环;牛粪压制成的碳棒密度为 0.8~1.3 g/m³,占地少,方便运输、贮存;牛粪属绿色能源,清洁环保。

2. 利用牛粪制作蜂窝煤

利用牛粪制作蜂窝煤可解决养牛集中区域的粪便污染问题,同时可提供丰富的蜂窝煤燃料。研究表明,将牛粪与原煤粉按 3∶1 的比例,加 3% 的助燃剂、10% 的煤料添加剂和适量的黏土,加一定量的水混合搅拌,制作成蜂窝煤,不仅可以缓解牛场粪便污染问题,而且燃料在使用过程中,安全、卫生、无尘、污染小;与传统燃料原煤相比,其含硫量较低;掺有牛粪的蜂窝煤燃烧时间长,热值高,且价格低,使用方便。

参考文献

[1] 李庆康. 畜禽粪便无害化处理及肥料化利用 [J]. 山东家禽,2002,24(8):7-9.

[2] 周军,林清,张金水,等. 畜禽养殖场粪污肥料化利用技术及工艺 [J]. 中国牛业科学,2010,36(1):85-87.

[3] 张学炜,李德林. 规模化奶牛场生产与经营管理手册 [M]. 北京:中国农业出版社,2014.

[4] 宣梦. 规模化畜禽养殖粪污综合利用与处理技术模式研究 [D]. 长沙:湖南农业大学,2018.

[5] 施正香,王盼柳,张丽,等. 我国奶牛场粪污处理现状与综合治理技术模式分析 [J]. 中国畜牧杂志,2016(14):62-66.

[6] 全国畜牧总站. 畜禽粪便资源化利用——清洁回用模式 [M]. 北京:中国农业科学技术出版社,2016.

[7] 张柳. 规模化畜禽养殖对生态环境的污染及对策研究——以 T 市为例 [D]. 泰安:山东农业大学,2019.

[8] 全国畜牧总站. 畜禽粪便资源化利用——种养结合模式 [M]. 北京:中国农业科学技术出版社,2016.

[9] 赵馨馨,杨春,韩振. 我国畜禽粪污资源化利用模式研究进展 [J]. 黑龙江畜牧兽医,2019(4):4-7.

[10] 马常宝,史梦雅.我国主要畜禽粪便资源利用现状与分析研究 [J].中国农技推广,2016（11）:7-11.

[11] 国辉,袁红莉,耿兵,等.牛粪便资源化利用的研究进展 [J].环境科学与技术,2013,36（5）:68-75.

[12] 李倩倩,吴洁,刘军彪,等.发酵床在奶牛养殖中应用的技术措施 [J].中国奶牛,2019（2）:1-4.

[13] 任洁,郑为民,高秉昱,等.发酵床技术在奶牛养殖中的推广和应用 [J].畜牧兽医杂志,2019,38（1）:74-75.

[14] 国辉.异位发酵床技术在奶牛养殖污水污染控制中的研究及应用 [D].北京:中国农业大学,2014.

第 6 章　天津市畜禽粪污资源化利用模式及典型案例

6.1　天津市生猪养殖粪污资源化利用模式及典型案例

案例一　天津市盛农畜牧专业合作社

一、技术模式

本案例采用固体粪便生产商品有机肥模式。

二、企业基本情况介绍

天津市盛农畜牧专业合作社位于天津市宁河区廉庄乡,生产规模为年出栏 10 000 头生猪。场区占地面积为 11.34 万 m^2,地势高燥、两面环河,周围种植 2 万余株林木,形成了天然的防疫屏障。合作社现有猪舍 15 栋,建筑面积为 4 280 m^2,另建有办公、生活、生产等区域,水电设施完善,布局合理。该合作社园区门口照片见图 6-1。

图 6-1　天津市盛农畜牧专业合作社园区门口

三、技术方案

养猪场采用干清粪工艺,干粪通过运粪车运至堆粪场做有机肥原料。尿液等废水经场区排水管道输送至三级沉降装置。三级沉降装置的污水被集中输送至污水贮存池,再由管道输送至格栅池(拦截大块污物),自流进入集水池,经泵提升至调节池,进行均质均量,再经泵提升至 MBBR(移动床生物膜反应器)组合池和有机物好氧-深度处理系统,经好氧-深度处理后的出水经管渠输送到附近农田进行农业利用。工艺流程见图6-2。

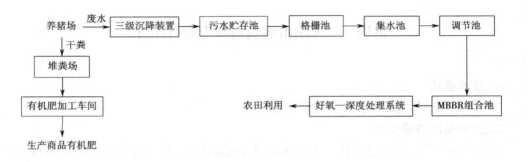

图 6-2　工艺流程

四、建设内容

本园区的建设内容包括污水暗管、集水井、调节池、氧化塘、堆粪场、有机肥加工车间、秸秆储料场、发酵车间、后熟车间、产品库房、检查井等,以及提升泵、鼓风机、清粪车、气提装置、曝气盘、装载机、除臭系统、物料输送机等相应配套设备。

1. 二级沉降装置

作用:收集废水、沉淀。

结构形式:钢筋混凝土,加盖。

尺寸:2 m(长)×2 m(宽)×2 m(高)。

数量:17 座。

2. 三级沉降装置

作用:收集废水、沉淀。

结构形式:钢筋混凝土,加盖。

尺寸:6 m(长)×3 m(宽)×3.5 m(高)。

数量:8 座。

3. 污水贮存池

结构形式:钢筋混凝土。

尺寸:20 m(长)×6 m(宽)×4 m(高)。

数量:1 座。

4. 集水井

功能:拦截、清除各种固体颗粒物、漂浮物,使后续处理工序得以顺利进行。

设计水量:60 m³/d。

尺寸:2 m(长)×2 m(宽)×2 m(高)。

数量:1 座。

5. 调节池

功能:对猪舍排出的尿液及冲刷水等起到均质均量的作用。

结构形式:钢筋混凝土。

数量:1 座。

尺寸:4 m(长)×3 m(宽)×3.5 m(高)。

6. MBBR 组合池

功能:利用填料上的生物膜,在微搅拌的条件下去除水中大部分的有机污染物。

结构形式:钢筋混凝土。

数量:1 座。

尺寸:8 m(长)×4 m(宽)×8 m(高)。

主要设备:①风机,数量 2 台(其中,台备用);②微孔曝气盘,规格为曝气盘钢,数量 128 套;③复合填料,数量 70 m³。

7. 二沉池

功能:使从 MBBR 组合池流出的混合液重力沉淀,达到泥水分离的目的,上清液流入氧化塘,污泥排至污泥浓缩池。

结构形式:钢筋混凝土。

数量:1 座。

尺寸:1.6 m(长)×1.6 m(宽)×4.0 m(高)。

8. 污泥贮存池

结构形式:钢筋混凝土。

数量:1 座。

尺寸:2.4 m(长)×1.6 m(宽)×4.0 m(高)。

9. 氧化塘

功能:接收经好氧处理的废水,对废水进行深度处理。

结构形式:上半部分砖混 + 底部土池夯实 + 全池土工膜(两布一膜)。

工艺尺寸:60 m(长)×30 m(宽)×2 m(高)。

数量:1 座。

植物种类:凤眼兰、荷花等。

10. 堆粪场

功能:临时贮存猪粪。

结构类型:钢筋混凝土 + 轻钢罩棚结构。

工艺尺寸:40 m×6 m×4 m。

数量:1 座。

附属设备:运粪车,数量 1 辆。

11. 污水管

作用:收集尿液和冲洗污水。

结构形式:UPVC(硬脂聚乙烯)管道。

尺寸:DN300,长 1 200 m。

12. 污水井

作用:收集尿液和冲洗污水。

结构形式:钢筋混凝土。

尺寸:直径 1 m,深 2 m。

数量:20 座。

13. 发酵车间(约 1 800 m²)

工艺尺寸:56.20 m×32 m

结构形式:轻钢结构,厂房顶棚为阳光板;檐高 4 m,四壁为砖混抹灰围墙。

14. 后熟车间(600 m²)

工艺尺寸:30 m×20 m

结构形式:轻钢结构,厂房顶棚为阳光板;檐高 6 m,四壁为砖混抹灰围墙。

15. 产品库房及有机肥加工车间(2 046 m²)

工艺尺寸:62 m×33 m

结构形式:轻钢结构,厂房顶棚阳光板;檐高 6 m,四壁为砖混抹灰围墙。

本项目的部分建设内容见图 6-3~ 图 6-10。

图 6-3 　调节池 　　　　　　　　　　　图 6-4 　组合池

图 6-5　氧化塘

图 6-6　污水池

图 6-7　堆粪棚

图 6-8　污水处理罐

图 6-9　污水处理设备

图 6-10　有机肥生产设备

五、模式特点

本养殖场采用干清粪工艺,粪便被收集后发酵生产有机肥自用或出售。

优点:养殖场产生的固体粪便可被全部利用生产有机肥,污水经过深度处理后用于农田灌溉,实现粪污资源化利用。

缺点:生产商品有机肥一次性投资较大,日常运行维护费用高。

适用范围:本处理模式适用于有充足的有机肥生产原料、辅料,本场或周边农户有有机肥需求的畜禽养殖场。

案例二　天津市益利来养殖有限公司

一、技术模式

本案例采用干粪堆肥 – 沼液还田模式。

二、企业基本情况介绍

天津市益利来养殖有限公司成立于 2005 年,坐落在天津市西青区杨柳青镇西河闸北侧,占地面积达 144 万 m²。生产区共建有 35 栋猪舍,包括育肥猪舍、产房、公猪舍、母猪舍、保育舍和定位舍。该公司的生产经营业务范围涉及生猪养殖、特色香猪养殖、淡水鱼虾养殖、优质果蔬农作物种植以及生态休闲农庄经营等多个领域。2013 年 1 月该公司被天津市农业农村委员会认定为市级农业产业化生产龙头企业。该公司全年累计实现优质种猪出栏 3 000 头,转育肥商品猪出栏 7 000 头,特色香猪出栏 3 200 头,淡水鱼虾总产量 600 t,优质果蔬农作物总产量 640 t。天津市益利来养殖有限公司大门口、生产区和生活区照片见图 6-11~ 图 6-13。

图 6-11　天津市益利来养殖有限公司大门口

图 6-12　天津市益利来养殖有限公司生产区　　图 6-13　天津市益利来养殖有限公司生活区

三、技术方案

该公司养猪场采用干清粪工艺,粪便和污水被分别收集、处理和利用。

粪便通过清粪车运至堆粪棚,一部分集中堆沤发酵后肥田或售卖,另一部分进入 CSTR 沼气工程设施做发酵原料。污水通过猪舍内的收集管网,一部分进入场区西面的格栅池,后经暗管进入 PFR 反应器进行预处理,后自流至生态净化系统(菌藻塘和自然生态沟)进一步净化处理,另一部分则进入调节池后输送至 CSTR 反应器进行厌氧消化,然后进入 PFR 反应器和生态净化系统。沼液多时可先进入沼液贮存池暂时存放,需肥时稀释农用。夏季废水量多时可将一部分废水抽进污水贮存池暂存,需水时进入处理系统。经自然生态沟处理后,污水可经管道、吸污车输送到大田、设施大棚或果园进行农用。

本工艺整体可实现沼气供能、沼液灌溉、沼渣制肥的综合利用效果,同时做到非灌溉季节收纳贮存,实现粪污资源化利用,达到种养结合的目的,从而避免污水外排造成环境污染。该工艺流程见图 6-14。

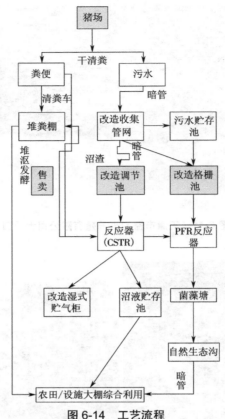

图 6-14　工艺流程

四、建设内容

1. 污水收集管网

功能:有效分离雨水和污水,减少污水的处理量和处理难度。

结构类型:收集井整体为混凝土结构,出水通过 DN300 的 UPVC 管道输送至调节池,管道铺设坡度为 1%;加装混凝土盖板,表面做刚性防水防渗处理。

规格:收集井长为 0.6 m,宽 0.6 m,有效深度(排水出口以下)为 0.5 m,超高 0.5 m(井口超高地面 0.1 m),总深度 1 m。

数量:100 个收集井,1 200 m 长暗管。

2. 格栅池 / 调节池

功能:匀质调浆。

结构类型:整体为全地下钢筋混凝土结构,池体周边加装护栏,出水分别进入 PFR 反应器和 CSTR 厌氧反应器;池顶高于地面标高 0.1 m,防止雨水流入,表面做防水防渗处理,加装活动盖板,方便定期清理。

规格:调节池为 6 m(长)×5 m(宽)×2 m(深),有效容积为 54 m³,有效水深 1.8 m,总容积 60 m³,超高地面 0.1 m,表面做刚性防水防渗处理。

附属设备:提升泵,额定流量为 6 m³/h,额定扬程为 50 m,额定功率为 10 kW,材质为铸铁,数量 2 台(其中 1 台备用),提升泵设液位开关。

污水滞留期:1.5 d。

3. CSTR 厌氧反应器

功能:用于处理高浓度、悬浮物体含量高的原料。

规格:容积按照日产污水 7.2 d 滞留期计算,建设总容积为 280 m³,有效容积约为 252 m³,工艺尺寸 φ6 m×9.9 m 长。

结构类型:反应器采用全地上碳钢防腐结构。

污水滞留期:12 d。

4. 菌藻塘

功能:进一步降解有机污染物,并具贮存功能。顶部架设阳光板,温暖季节池底易形成藻类,可对水体起到深度净化作用。

规格:菌藻塘分为 3 级,从东至西塘容积分别为第一级 1 200 m³,第二级 720 m³,第三级 480 m³。

结构类型:整体为全地下混凝土结构。

附属设备:提升泵 4 台,其中 2 台使用,2 台备用,设液位开关,额定流量为 80 m³/h,额定扬程为 50 m,额定功率为 37 kW,材质为铸铁;微生物填料模块 6 组,每组尺寸为 3 m×1.8 m×0.6 m。

5. 污水贮存池 / 沼液贮存池

功能:具有贮存污水 / 沼液、沉降固形物、降解水中污染物等作用。

规格:容积分别按照日产污水和沼液 18 d 滞留期计算,贮存池容积为 700 m³,尺寸均为 70 m×5 m×2 m,有效容积均为 630 m³。

结构类型:整体为原土开挖夯实,3 面做防渗处理。

附属设备:提升泵 4 台,其中 2 台使用,2 台备用,流量为 80 m³/h,扬程为 200 m,功率为 37 kW,材质为铸铁。

6. 堆粪棚

功能:存放和堆积腐熟粪便。

规模:按至多可贮存 38.5 d 粪污的设计容量、日产粪量和 1.5 m 堆垛高度计算,总占地面积约为 240 m²,因此堆粪棚尺寸为 20 m(长)×12 m(宽),四周为 3.5 m 高的砖混围墙,地面采用 0.1 m 厚的混凝土硬化。渗滤液通过堆粪棚内明沟自流至污水收集井,通过暗管进入调节池。堆粪棚内设置隔墙分区。

本养殖场粪污资源化利用设施、设备见图 6-15~图 6-20。

图 6-15　干清粪车间外侧

图 6-16　仿生塘过滤系统

图 6-17　PFR 厌氧反应装置

图 6-18　CSTR 厌氧发酵罐

图 6-19　干式发酵沼气工程

图 6-20　沼气发电机

五、模式特点

优点：有利于减少环境污染；有利于改良土壤，提高土地地力；有利于资源循环利用，促进可持续发展。

缺点：一次性投资大，全天候生产，设备后期维护和维修成本高。

适用范围：适用于远离城镇、土地宽广、周边有足够农田（特别是蔬菜、果树、大田作物等种植区域）消纳畜禽粪便的养殖场，同时养殖场内部要有足够空间配套修建无害化处理设施及沼液沼渣、堆肥的贮存设施。

六、效益分析

粪污处理设施总投资 1 147 万元，其中粪便处理设施耗资 1 022 万元，污水处理设施耗资 125 万元，年处理粪便 2 000 t，生产有机肥 850 t，年产沼气 12.5 万 m^3，年发电 2.5 万 kW，沼液灌溉农田自用量 0.73 万 t。

案例三　天津市蓟州区如燕养猪场

一、技术模式

本案例采用农家肥利用模式。

二、企业基本情况介绍

天津市蓟州区如燕养猪场位于天津市蓟州区白涧镇辛东村，占地均 3.3 万 m^2，年出栏生猪 6 500 头。养猪场大门口照片见图 6-21。

三、技术方案

本养殖场采用干清粪工艺，粪便被集中送至堆粪棚进行堆存，尿液、冲洗水等废水进入集污池，通过水泵抽入调节池，再进入一体化设备进行进一步处理，处理后滤液先进入过滤池进行过滤，最终流入污水贮存池贮存，进行农业利用。养猪场的粪渣、沼渣被送入干粪处理车间处理，处理后的肥料进行农业利用。建筑物房檐下设雨水渠，渠底低于地面 200 mm；道路两侧设雨水渠，导流雨水，用于绿化。该养猪场工艺流程如图 6-22 所示。

图 6-21　天津市蓟州区如燕养猪场大门口

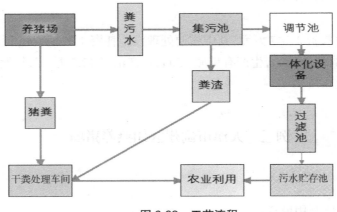

图 6-22　工艺流程

四、建设内容

该养猪场建设内容包括集污池（1 200 m³）、干粪发酵间（840 m³）、调节池（105 m³）、过滤池（105 m³）、污水贮存池（480 m³）、污水处理一体化设备、吸粪车、清粪车等。部分建设内容见图 6-23~ 图 6-28。

图 6-23　集污池

图 6-24　堆粪棚

五、技术特点

优点：采用碳钢结构一体化设施进行污水处理，该类工艺具有施工周期短、占地集约紧凑、工艺衔接灵活等特点。

缺点：污水处理量有限，日常运行电耗较高。

适用范围：适用于污水产生量小或污染物浓度不高、场区可利用空间不足、自有配套农田或周边有种植大户的生猪养殖场。

图 6-25　二氧化碳发生器

图 6-26　干粪车、吸粪车

图 6-27　雨污分流设施

图 6-28　干粪处理车间

案例四　天津市滨海新区农博种猪养殖有限公司

一、技术模式

本案例采用异位发酵床模式。

二、企业基本情况介绍

天津市滨海新区农博种猪养殖有限公司坐落于天津市滨海新区汉沽杨家泊镇,该场选址、布局合理,占地面积为 4 万 m^2,总建筑面积为 1.1 万 m^2,其中猪舍建筑面积约为 9 000 m^2,共建有标准化猪舍 35 栋,年出栏生猪 1 万头。天津市滨海新区农博种猪养殖有限公司大门口照片见图 6-29。

图 6-29　天津市滨海新区农博种猪养殖有限公司大门口

三、技术方案

该模式下,将养殖舍产生的粪尿转运至外建垫料发酵舍,再利用微生物菌群进行生物降解处理。异位发酵床是在养殖舍外修建的一种集中处理畜禽粪污的设施。主要由发酵槽、集污池、翻抛机、移位机、垫料等组成。粪污的降解过程以好氧发酵为主,且伴有厌氧发酵和兼性厌氧发酵。在降解处理中,翻抛机对发酵床进行翻抛,将垫料与粪尿充分混合,使微生物菌种发生作用,有利于粪污及时、充分的分解,从而转化生成生物高效的有机肥或者进行垫料的二次使用。

1)粪污收集。猪舍粪尿及污水通过封闭渠道进入粪污收集池。粪污收集池防雨水、防溢出,其容积大小按 1 头猪 0.2 m³ 的比例建设。

2)发酵床垫料选择。垫料宜用锯末和稻壳,一般按 3:7 的比例混合使用(垫料比例因翻抛机等硬件环境不同而有所不同)。

3)垫料发酵及粪污处理。此过程包括菌种使用、垫料混匀、预发酵、粪污添加、垫料翻耙、补充垫料和菌种、补充氧气等环节。

异位发酵床处理工艺流程见图 6-30。

四、建设内容

异位发酵床基础设施建设内容主要包括异位发酵车间(含喷淋池、发酵槽、移位轨道)、集污池、阳光棚等。异位发酵床设备为半自动设备,主要包括粪污切割机、粪污搅拌机、粪污自动喷淋机、翻抛机和移位机等。

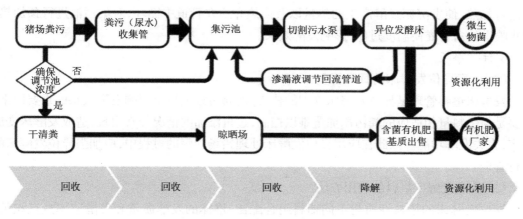

图 6-30　异位发酵床处理工艺流程

1. 异位发酵车间建设

根据养殖场的存栏规模,建设长 80 m、宽 12 m、高 4 m 的生产车间一处,内设长 76 m、高 1.5 m 的轨道墙 4 面,形成两个大型异位发酵槽(发酵槽体积可达 1 140 m³)和一个长 76 m、宽 1 m、高 1.5 m 的粪污集污池;并建设移位车轨道设施。异位发酵菌种适宜温度为 55~65 ℃,因此建筑物需要采用钢结构阳光棚。发酵车间棚顶铺采光板,铺设坡度为 15°。

2. 设备购置

购置翻抛机、移位机、喷淋机、潜泵(带铰刀)等整套设备。

3. 购买发酵菌剂及垫料

选择升温快、除臭能力强的复合好氧菌。繁殖旺盛的好氧菌能够抑制厌氧菌的生存,同时兼具去除异味的功能。选择的菌种为嗜热性微生物菌种。按照 1 t 锯末 6 m³ 菌种、1 t 稻壳 8 m³ 菌种计算,锯末与稻壳的质量比为 3∶7。

4. 回流系统建设

由于粪污喷淋后发酵床垫料中有一定量的污水不能被完全吸附,为有效控制发酵床的含水率,因此在整个发酵床底部建设了与粪污集污池相连的污水回流管路。

5. 热循环系统建设

这个系统是为了保证冬季的发酵温度而设计的。该系统采用地下深埋处理方式,在发酵床墙体设计及施工中,于发酵床墙体中部靠近内侧,铺设立式挤塑板和反射膜,然后在其外侧铺地暖管;将发酵床墙体地暖管埋入发酵车间的粪污暂存池内壁,于四壁环绕盘布,该热量通过外置水泵加压循环。

在工作过程中,换热管和加热管内充满换热介质。排污泵将集污池内的粪污输送到喷淋管内。在发酵床顶部做平移运动的喷淋管将粪污喷淋到基质层上,基质和粪污被翻抛机翻抛均匀之后,静置发酵,产生的热量使得发酵床内的温度达到 60~70 ℃。发酵产生的热量对立壁内换热管内的换热介质进行加热,使得换热管内的介质温度升高。当天气寒冷时,启动循环泵,使换热管和加热管内的换热介质循环流动,流进加热管内,对集污池内的粪污进行加热,而初始加热管内的低温换热介质流进换热管内,利用发酵床内的热量对低温换热介质进行加热,使发酵床发酵产生的热量以及换热介质在管道中循环,对集污池进行预加热,防止喷淋的禽畜粪便温度过低,影响发酵效果。

6. 注意事项

（1）注意异位发酵床的日常管理

发酵床垫料管理是异位发酵床管理的核心,而粪污添加量是影响发酵效果的重要因素,主要是与垫料量相适应的粪污添加量难以控制,过量添加的情况经常出现,造成发酵床变成滤床,丧失发酵功能。因此在应用异位发酵床处理猪场粪污的过程中,应加强异位发酵床的运行管理。

（2）注意发酵床垫料的使用方法

异位发酵床的垫料性质与不同辅料组合配比、堆体的发酵质量和发酵速率息息相关,同时垫料也是异位发酵床运行重要的成本支出项目。在实际应用中,需根据本地区的农、林、牧业的固体废弃物特点,因地制宜,就地选材,探索出更多含碳量高、吸附性好的垫料（辅料）基质,增加垫料的透气性,提高粪污处理的效率,降低发酵垫料的使用量和运行费用。

异位发酵床处理设施、设备及工艺过程见图6-31~图6-38。

图 6-31　集污池

图 6-32　异位发酵车间槽体

图 6-33　异位发酵车间外景

图 6-34　异位发酵车间内景

图 6-35　翻抛机

图 6-36　发酵槽垫料准备

图 6-37　菌剂混合

图 6-38　异位发酵床正常运行

五、模式特点

与传统养殖方式相比,异位发酵床技术真正实现了养殖无排放、无污染、无臭气的零排放清洁生产。

优点:异位发酵床基础设施具有占地面积小、投资小、运行成本低、无异味等优点;养猪场无须设置排污口,可实现粪污零排放,粪污经发酵后可全部转化为固态有机肥,实现变废为宝。

缺点:垫料收购难,优质垫料(如锯末)成本较高;粪便和尿液混合后发酵时间长,寒冷地区受限。

适用范围:主要适用于周围农田受限、污水无处消纳的生猪养殖场。

案例五　天津市惠康种猪育种有限公司

一、技术模式

本案例采用种养结合模式。

二、企业基本情况介绍

天津市惠康种猪育种有限公司位于天津市宁河区苗庄镇苗枣村外南侧,成立于 2008 年 5 月,是集种猪育种、销售、推广、服务于一体的现代种猪育种科技企业。公司基础设施良好,现有猪舍 28 栋,建筑面积约为 9 626 m²,包括公猪舍 1 栋、妊娠母猪舍 3 栋、产仔舍 3 栋、母猪舍 2 栋、后备母猪舍 1 栋、保育舍 4 栋、肥成舍 14 栋。公司被农业农村部、天津市人民政府和相关部门评为"无公害畜产品生产基地""国家生猪核心育种场""天津市农业产业化经营市级重点龙头企业"等。天津市惠康种猪育种有限公司大门口和生产区照片见图 6-39 和图 6-40。

图 6-39　天津市惠康种猪育种有限公司大门口

图 6-40　天津市惠康种猪育种有限公司生产区(组图)

三、技术方案

该公司所产生的鲜粪和沼渣全部用于生产有机肥;产生的养殖废水和猪尿液全部送至该公司 600 m³ 沼气池进行沼气发酵生产,目前该公司园区内的沼渣、沼液、粪便有机肥全部被农田利用,实现了区域种养平衡。

该公司粪污综合利用采取种养结合的模式,其设计模式为:养殖基地→粪污废弃物处理→加工有机肥(包括沼渣)+沼液→种植基地还田;种植基地→农作物秸秆→粉碎→有机肥生产→种植基地。此种模式可在生产基地内实现废弃物资源化循环利用。

1. 模式设计

养殖基地产生的粪污经干湿分离后,液体部分进入沼气工程设施进行厌氧发酵生成沼气、沼渣、沼液。沼液进入养殖场贮存池,为种植基地提供液体肥料;固体粪便和沼渣一起用于生产、加工有机肥,生产的有机肥全部用于林果种植区;种植区产生的农作物秸秆和蔬菜废弃物被全部收集,粉碎后运到养殖场用于有机肥生产,最终全部实现还田利用。园区内种植、养殖业形成了一个完整的循环体系,所有物料均衡匹配,废弃物不外排,不产生养分流失。园区土地可以完全消纳养殖场产生的粪污,实现区域内粪污全消纳、零排放。

2. 工艺方案

本案例的主要工艺方案包括养猪场"三改两分离"工艺、粪污处理利用工艺和有机肥生产工艺。

(1)养猪场"三改两分离"工艺

养猪场采用"三改两分离"技术对粪污进行高效分类、收集、处理,即改水冲粪为干清粪,改无限用水为控制用水,改明沟排污为暗道排污,实现固液分离、雨污分离。养殖圈舍内的自动刮粪系统把猪粪集中到指定的粪污渠道,经过固液分离,固体粪便用于生产有机肥,尿液和污水进入沼气池发酵。圈舍清洗产生的冲洗水通过导流沟回流到沼气系统。养猪场"三改两分离"工艺流程如图 6-41 所示。

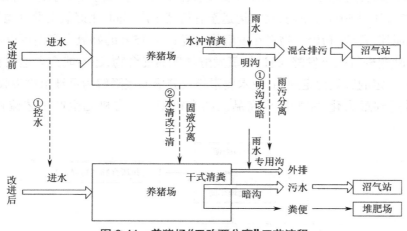

图 6-41　养猪场"三改两分离"工艺流程

(2)粪污处理利用工艺

养猪场采用干清粪工艺,粪便通过清粪车运送至堆粪棚;尿液、污水以及沼气工程产生的沼液通过暗沟收集至格栅池进行过滤,然后进入集污池进行初步沉淀、酸化,再通过溢流孔自流进入厌氧发酵池,经过一定时间的厌氧发酵后,再自流进入污水贮存池,然后利用吸粪车或管道输送到农田进行利用;干湿分离后的粪便以及沼气工程、集污池、厌氧发酵池和污水贮存池产生的部分粪渣、沼渣,在堆粪棚经过暂存后运到有机肥生产车间生产有机肥,然后运到园区内农田施用。粪污处理利用工艺流程如图 6-42 所示。

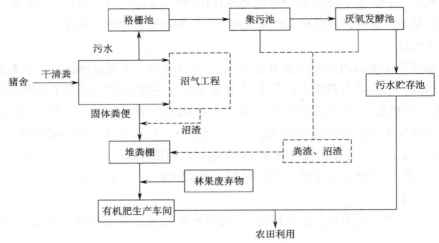

图 6-42　粪污处理利用工艺流程

（3）有机肥生产工艺

天津市惠康种猪育种有限公司年产粪便 1 万 t（含水率高）、沼渣 1 500 t、农作物秸秆及蔬菜废弃物 1.5 万 t。根据粪便产生量，该公司因地制宜地采用简易条垛式堆肥方式，所生产的有机肥料全部用于园区。有机肥生产车间由预处理车间和条垛式发酵车间两部分构成。其中预处理车间主要用于肥料正式生产前猪粪便的预处理。粪便运输车将粪便等原料运送至预处理车间，用粗粉碎的林果废弃物或农作物秸秆作为辅料进行填充降湿，进行堆肥初步发酵，当水分到 50% 以下时，将其运送至有机肥生产车间，用好氧发酵翻抛机对它们进行有规律的搅拌、移位、粉碎。物料在发酵槽内经过 7~15 d 的好氧发酵便可以用装载机输送至二次发酵棚进行厌氧发酵，经过好氧发酵处理的混合物，还不能完全达到有机肥的标准，必须经过一定的厌氧稳定周期，使木质素等大分子彻底降解为可被植物吸收的小分子，腐殖酸含量达到最大化，才能形成高品质的有机肥料。有机肥生产工艺流程如图 6-43 所示。

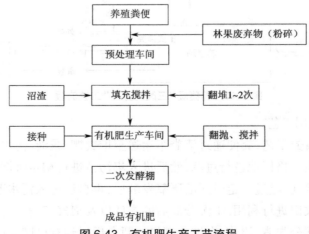

图 6-43　有机肥生产工艺流程

四、建设内容

1. 调节池

功能：一方面混匀水质，另一方面为后续工程提供水位差。

结构类型：全池整体为全地下结构，超高地面 10 cm；地下采用砖混结构，冻土层以上采用钢筋混凝土圈梁结构，顶部加预制盖板。

污水滞留期：1 d。

有效容积：60 m³。

工艺尺寸：6 m（长）× 2 m（宽）× 5 m（高）。

数量：1 座。

附属设备：提升泵，数量 2 台（其中 1 台备用）。

2. 三格式集污池

功能：主要起到沉砂、沉泥和初级酸化的作用。

结构类型：全池整体为全地下结构，超高地面 10 cm；地下采用砖混结构，冻土层以上采用钢筋混凝土圈梁结构，顶部加盖板。

粪污滞留期：3 d。

有效容积：174 m³。

工艺尺寸：10 m（长）× 5 m（宽）× 4 m（高）。

数量：1 座。

3. 污水贮存池

功能：主要起到进一步厌氧发酵的作用，降低污染物的浓度，保证后续农用安全。

结构类型：全池采用土工膜防渗结构，顶部盖钢架阳光板。池内有一道横向污水折流墙。

物料滞留期：10 d。

有效容积：580 m³。

工艺尺寸：20 m（长）× 7.5 m（宽）× 4 m（高）。

数量：1 座。

4. 排水暗沟

功能：减少污水在输送过程中产生的少量异味对环境造成的影响，改善场区环境。

结构类型：沟渠整体为混凝土结构，表面做刚性防水防渗处理。

规格：沟渠宽度为 500 mm，有效深度为 500 mm，超高地面 100 mm。

数量：排水暗沟总长 350 m。

5. 堆粪棚

功能：用来临时存放和堆积腐熟猪粪。

结构类型：砖混围墙 + 混凝土结构地面 + 阳光板顶棚。

物料滞留期：15 d。

有效容积：240 m³。

工艺尺寸:15 m×10 m,棚内堆垛高度为1.5 m。

数量:1座。

附属设备:粪便清运车。

6.沼气工程设施

功能:粪污前段预处理和厌氧发酵。

结构类型:搪瓷拼装罐体。

有效容积:600 m³。

附属设施:预处理池搅拌泵2台,提升泵2台(其中1台备用)。

7.混水池

功能:当经过一定时间贮存的污水因为季节的原因,浓度可能超过农灌标准时,用于进行混水灌溉。

结构类型:钢筋混凝土结构。

工艺尺寸:6 m(长)×2 m(宽)×5 m(高)

8.有机肥生产设施、设备

1)发酵车间:面积为1 000 m²,轻钢结构,厂房顶棚有阳光板,设砖混抹灰围墙,檐高3 m。

2)生产及后熟车间:面积为1 800 m²,轻钢结构,厂房顶棚有彩钢板,设砖混抹灰围墙,檐高5 m。

3)产品库房:面积为800 m²,轻钢结构,厂房顶棚有彩钢板,砖混抹灰槛墙上安装彩钢墙板,檐高5 m。

4)原料库房:面积为1 000 m²,轻钢结构,厂房顶棚有阳光板,设砖混抹灰围墙,檐高5 m。

5)有机肥生产设备:翻抛机1套、搅拌机2套、粉碎机1套、混料机1台等。

养殖场粪污资源化利用设施、设备见图6-44~图6-49。

图6-44　堆粪棚

图6-45　有机肥生产车间外部

图 6-46　有机肥生产设备

图 6-47　有机肥生产车间内部

图 6-48　厌氧发酵罐

图 6-49　氧化塘

五、模式特点

优点：种养结合模式简单，易操作，处理成本较低，可实现农牧结合生态循环利用。

缺点：需要有足够的土地消纳养殖粪污。

适用范围：采用种养结合模式，粪便需要有足够的贮存空间，并有足够的土地进行消纳，因此，此模式适用于远离城镇、土地宽广、周边有足够良田良地（特别是蔬菜、果树、茶、林木、大田作物等种植区域）来消纳养殖场粪便的地区的养殖场。养殖场内部要有足够空间配套修建无害化处理设施及沼渣、沼液、堆肥的贮存设施。

6.2　天津市奶牛养殖粪污资源化利用模式及典型案例

案例六　天津梦得集团下属奶牛场

一、技术模式

此案例采用能源利用模式。

二、企业基本情况介绍

天津梦得集团有限公司(以下简称梦得集团)创立于 1994 年,是一家融合一二三产业、具备从农田到餐桌的奶业全产业链的农业产业化国家重点龙头企业。集团下属 7 家子公司,主要涉及饲草种植、奶牛养殖、乳制品加工、科技研发、物流配送等产业,现有 1 家奶业研究院、1 家乳品加工厂、4 家奶牛养殖场及 1 家专业种植饲草料的公司。目前,梦得集团乳品年处理能力达 24 万 t,奶牛存栏规模达到 7 000 头,饲草种植 667 万 m²,产奶年平均单产 11 t。2017 年,梦得集团资产总额 106 亿元,营业收入 14.58 亿元,净利润 1.35 亿元,总资产收益率 11.56%,企业经营状况良好。梦得集团一直坚持以科技创新为企业的发展宗旨,并把科技作为企业发展强有力的支撑,走产、学、研、用相结合的发展道路,实现了由传统农业向现代化农业跨越式的转变;并加快企业转型升级,发展了多种形式的适度规模经营,由过去的奶牛养殖拓展到饲草种植、乳品加工、奶牛养殖技术服务等多元产业,形成了融种、养、加、销以及"互联网+销售"为一体的现代化奶业产业链。梦得集团下属奶牛场正门见图 6-50。

图 6-50　天津梦得集团下属奶牛场正门

多年来,梦得集团先后与中国农业大学、中国农业科学院北京畜牧兽医研究所、天津市畜牧兽医研究所、天津农学院等高校和科研院所合作,开展了多项科研项目,承担了国家重大专项 2 项、省市级科技项目 20 余项;获国家科技进步二等奖 1 项,获省部级奖项 4 项;获得专利 11 项。为了更好地提升集团的科技研发能力,2016 年,梦得集团联合天津市畜牧兽医研究所成立了梦得奶业研究院,主要开展饲草种植、奶牛育种、饲料营养调控、优质原料奶生产、乳制品加工、智能化管理、种养结合、粪污无害化处理及循环利用等与奶业全产业链相关的技术研究。梦得集团对牧场粪污处理逐渐加大资金投入,开展了种养结合、资源化利用、循环农业建设。公司在滨海新区大道口村流转土地 667 万 m²,用于饲草种植,还购置了美国林赛指针式喷灌机、德国克拉斯收割机等现代农机用具。在粪污处理环节,公司通过粪污无害化处理技术对牧场牛粪和污水进行资源化利用,通过固液分离方式使粪污中的固体和液体分离,其中固体通过发酵、烘干、晾晒等环节用于牛床垫料;液体经过厌氧发酵后通过管道输送到农田,并按一定比例稀释后用于灌溉农田,提升了土壤质量。改良后的土壤用于种植有机苜蓿和玉米等饲草料,饲草料用于饲喂奶牛,实现了种植业、养殖业的有机结合,减少了无机肥及农药的施用量,节约了肥料和水,还减少了牧场对周边环境的污染,达到了"经济、生态、社会"效益三者的高度统一。

三、技术方案

项目通过新建三期粪污系统、进出料系统、厌氧消化系统、沼气净化存储系统、沼气利用系统、压滤系统、运输系统、控制系统、有机肥生产系统及配套设施,对奶牛场粪污实现资源化利用,以沼气和生物天然气为主要处理方向,以农用有机肥和农村能源为主要利用方向。本项目的主要原料为梦得集团的奶牛养殖粪污。粪污主要由尿液、粪便、牛床垫料、奶厅冲洗水和饮水槽冲洗水等组成,具有以下特点:①有机质浓度高,氨氮含量高;②粪污可生化性能好,水解、酸化快,沉淀性能好;③悬浮物浓度高。根据粪污特性,项目采用"中温厌氧＋沼气净化＋高级脱水"的技术路线,采用中恒能核心厌氧技术,产生的沼气部分供牧场沼气锅炉使用。原料经粗过滤后,进行厌氧发酵产生沼气,发酵后混合物经螺旋挤压机一次固液分离后,沼渣经烘干、晾晒后制成牛床垫料或制成垫料有机肥,沼液部分进入厌氧原料预处理系统,其余部分进入板框压滤机进行深度脱水。经板框压滤后,沼渣制成高级有机肥对外销售,压滤液(含固率为 0.1%~0.2%)还田消纳。项目自主经营、自负盈亏。其工艺流程如图 6-51 所示。

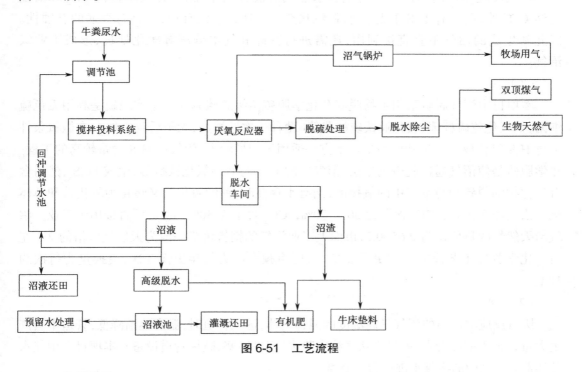

图 6-51　工艺流程

1. 原料收集

本项目主要原料为牧场内的粪污。

2. 上料搅拌系统

牧场粪水先经格栅除污机过滤条状和大块物体,过滤后的粪水与螺旋挤压后的部分沼液按一定浓度配比后输送至进料系统进入厌氧反应。

3. 厌氧反应系统

进料泵将处理至含固率为 9% 的原料输送至厌氧反应器,通过循环布料器均匀布料,促使有机物与厌氧活性污泥混合接触,通过厌氧微生物的吸附、吸收和生物降解作用,使有机污染物转化为以 CH_4 和 CO_2 为主的气体(沼气)。沼气的产生及增加促进混合物料的搅拌以及原料与厌氧菌种的充分接触,提高了反应效率。厌氧反应器产生的沼气由集气室收集,经沼气水封器、输送管路送入后续沼气净化处理单元。厌氧反应器采用上部沼液溢流出水的方式,使沼液自流进入沼液暂存罐,准备进行固液分离。厌氧反应器采用气液固多相流技术搅拌,具有搅拌均匀、耗能少、防结壳等优点,同时能够保证物料充分厌氧。厌氧反应器需要定期排砂,保持反应器内容积的有效性。排砂周期根据实际情况确定。厌氧反应器温度维持在 35~37.5 ℃,原料在厌氧反应器内厌氧发酵 16~17 d,部分固体有机物分解产生沼气,固体转化率为 28% 左右。厌氧发应器内厌氧菌种在项目调试时一次性投加,菌种在厌氧罐中自行繁殖,如无特殊情况(如菌种中毒死亡等),无须后续添加(类似于污水厂污泥)。

4. 沼气净化系统

厌氧反应器产出的沼气是含饱和水蒸气的混合气体,除含有气体燃料 CH_4 和惰性气体 CO_2 外,还含有 H_2S 和悬浮的颗粒状杂质。H_2S 不仅有毒,而且有很强的腐蚀性。因此新生成的沼气不宜直接利用,还需进行脱硫和气水分离等净化处理,形成工业级沼气。

（1）脱硫

本项目中沼气脱硫采用生物脱硫和化学脱硫两级脱硫方式。生物脱硫是利用无色硫细菌,如氧化硫硫杆菌、氧化亚铁硫杆菌等(菌种一次性添加,无须后续添加),在微氧条件下将 H_2S 氧化成单质硫和硫酸根。本方法适用于规模较大、沼气中 H_2S 含量较高的工程。化学脱硫是使沼气通过脱硫剂床层,沼气中的 H_2S 与活性氧化铁接触,生成 Fe_2S_3,然后含有硫化物的脱硫剂与空气中的氧接触,当有水存在时,铁的硫化物又转化为氧化铁和单体硫。沼气经净化后,CH_4 含量为 60%~70%,CO_2 含量为 30%~40%,可直接用于工业。沼气与天然气的热值比为 0.65~0.7,市面上工业沼气的销售价格一般为天然气价格的 2/3 左右。化学脱硫工艺段需定期更换脱硫剂,更换频率约为每年更换 3 次,更换量为每次约 10 t。

（2）脱水

厌氧反应器产出的沼气是高湿度的混合气体,进入管道时,温度逐渐降低,管道中会产生大量含杂质的冷凝水,如果不从系统中除去,容易堵塞、破坏管道设备。本项目采用气水分离器对沼气中的冷凝水进行物理分离。

5. 脱水车间

厌氧发酵产生的消化液经管道输送至压滤脱水车间,螺旋挤压机对沼渣和沼液进行一次分离。分离后的沼渣含水率为 67%,沼液含固率为 3.2%。其中,沼渣经烘干、消毒后,每天生产牛床垫料约 58 t(含水率为 55%),其余沼渣进入有机肥生产系统,每天生产垫料有机肥约 4.5 t。经一次分离后的沼液(含固率为 3.2%)经板框压滤后,其中固体进入有机肥生产系统,每天生产高级有机肥约 30 t;分离后的压滤液(含固率为 0.1%~0.2%)进入沼液暂存池,经管道泵入牧场液池。由梦得公司的牧场负责还田消纳。

本工艺段进料为含水率为 94% 的厌氧消化液约 766 t,出料为含水率为 67% 的沼渣约 89 t,经螺旋挤压后出含水率为 55% 的沼渣约 65 t,其中梦得集团的牧场回购 58 t 含水率为 55% 的沼渣做牛床垫料,剩余沼渣做成含水率为 30% 的有机肥约 4.5 t。经螺旋挤压后的消化液(含固率为 3.2%)经板框压滤后制成含水率为 30% 的高级有机肥约 30 t。本工艺段需添加阳离子聚丙烯酰胺(PAM)作为絮凝剂,每天生产沼渣约 52.5 t,阳离子 PAM 每天使用量约为 105 kg。

6. 干化棚

含水率为 67% 的沼渣通过铲车和生产运输车运输至干化棚,部分通过烘干、消毒和自然晾晒,使含水率降至 55% 左右,制成牛床垫料,每天产量为 58 t。剩余沼渣通过自然发酵晾晒,含水率降至 45%,然后通过发电余热进行烘干,使含水率降至 30% 左右,作为有机肥基肥销售给有机肥厂家作原料使用。本工艺段进料为含水率为 67% 的沼渣约 89 t,产品为含水率 ≤ 30% 的垫料有机肥约 4.5 t,高级有机肥约 30 t。本工艺段主要消耗材料为有机肥包装袋,有机肥按 40 kg/ 袋的通用标准进行包装,每吨需 25 个包装袋,每天需使用约 860 个包装袋。

四、建设内容

本项目的主体工程包括新建建筑物工程和构筑物工程两部分。

1. 建筑物工程建设内容

新建上料车间 1 栋,面积为 431.6 m²;配电室、控制室、沼气锅炉房各 1 间,面积为 268.07 m²;沼气压缩机房 1 间,面积为 168 m²;消防水池 1 座,面积为 57.75 m²;脱水机房 1 间,面积为 576 m²;沼渣堆放棚 1 间,面积为 402 m²;干化棚 1 间,面积为 896 m²;监控室、维修间各 1 间,面积为 480 m²;门卫室 1 间,面积为 26.83 m²。

2. 构筑物工程建设内容

新建进出料系统、厌氧系统、沼气净化贮存系统、压滤系统各个设备的基础;粪污收集池 1 座,面积为 75.43 m²;反冲池 1 座,面积为 46.24 m²;集水池 1 座,面积为 59.36 m²;存贮塘 2 座,容积为 25 375.4 m³;沼液输送工程 5 706 m,粪污输送工程 1 757 m 长,清粪沟 170 m 长。

按照项目建设内容需要购置的主要设备包括进出料系统设备 1 套、厌氧系统设备 1 套、沼气净化贮存系统设备 1 套、沼气利用系统设备 1 套、压滤系统设备 1 套、运输系统设备 1 套、粪污收集系统设备 1 套、控制系统设备 1 套以及其他管道、配件、支架、阀门及标准件等;另购置拖拉机 2 台、雨水泵 4 台、控制箱 1 台。

本项目的建设内容见图 6-52~ 图 6-61。

图 6-52　厌氧罐

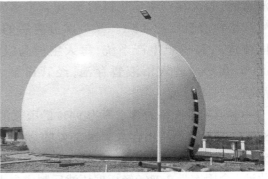

图 6-53　沼气存贮罐

图 6-54　沼气利用系统设备

图 6-55　进出料系统设备

图 6-56　上料车间

图 6-57　粪污输送泵

图 6-58　压滤车间

图 6-59　压滤系统设备

图 6-60　氧化塘

图 6-61　控制室、配电间、沼气锅炉房

五、模式特点

优点:提供清洁能源,建设优美环境,提高人们的环保意识。

缺点:一次性投资巨大,处理工程的投资一般占到整个奶牛场投资的 30% 左右。大型规模化奶牛场需要在建设初期就考虑到粪污处理的问题,并且部分设施需要专业人员进行管理和维护。

适用范围:适用于养殖规模较大的大型牧场,其养殖废弃物产生量大,处理难度大,奶牛场需要有足够的土地来建设可存留日产废水量 180 倍以上污水的多级生物净化塘。

六、效益分析

本项目原料主要来源于梦得集团的牧场养殖粪水。按养殖 10 000 头奶牛计算,全年平均粪尿产生量为 780 t/d,含固率不小于 9%,每年可处理牛粪水 28.47 万 t。项目达产后,可年产沼气 4 745 000 m³、垫料 21 170 t,垫料有机肥 1 643 t、有机肥 10 950 t。正常年营业收入为 1 783.60 万元,年利润总额为 469.54 万元,投资回收期为 7.79 年,经济效益明显。

公司利用奶牛场粪尿发酵产生沼气,以沼气提纯生物天然气、沼渣沼液生产有机肥为主要方向,以沼气入户、生物天然气民用、沼肥就近还田、有机肥市场销售为多元出口,本项目将污染治理、环境净化、能源回收、生态环境改善有机结合起来,有利于推进农业废弃物资源化利用,变废为宝,有利于当地的生态文明建设。项目以奶牛场粪尿的资源化利用为纽带,通过利用奶牛场粪尿生产有机肥,推进农业生产从主要依靠化肥向增施有机肥转变,很大程度上可改变传统的粪便利用方式和过量施用农药及化肥的农业增长方式,可有效地节约水、肥、药等重要农业生产资源,减少环境污染。

案例七 天津嘉立荷畜牧有限公司第十四奶牛场

一、技术模式
本案例采用种养一体模式。

二、企业基本情况介绍
天津嘉立荷牧业有限公司第十四奶牛场隶属于天津农垦集团,坐落在天津市滨海新区小王庄镇。场区占地约 23.3 万 m²,建有生产区、办公生活区、饲料储藏区和粪污处理区。该公司现饲养荷斯坦奶牛 2 400 头,其中成母牛 1 300 头,后备牛 1 100 头。该公司养殖场正门见图 6-62。

图 6-62 天津嘉立荷牧业有限公司第十四奶牛场正门

三、技术方案
本公司采用干清粪工艺,粪便通过运粪车转运至堆粪棚,经过高温腐熟制作有机肥;污水经格栅过滤—固液分离—厌氧发酵—好氧曝气后进入回冲管路;另外一部分污水通过厌氧塘—兼性塘—好氧塘—植物塘深度处理后,暂存于混灌池中,用于农田灌水;固液分离后的干物质送至晒场制牛床垫料,工艺流程如图 6-63 所示。

牛场粪污、夏季喷淋水和挤奶厅污水经回冲管网进入粪污收集沟经格栅过滤后进入调节池。调节池的粪污由筛分系统筛分,约 50% 固形物被分离,该固形物含水率在 80% 左右,被运送至晾晒场晒干后可做牛床垫料;剩余的干物质与水混合进入暂存池,取 70 m³ 进入厌氧发酵深度处理系统去除 TS,经过两级 USR 发酵和好氧脱氮处理后作为回冲稀释备用水。多余的水由暂存池分流至污水贮存池作为灌溉季节的肥水使用,该部分水在非灌溉季节通过多级生物净化贮存塘进行深度净化处理,通过混灌池的配水应用于种植业。雨季时,由运动场和暴雨径流产生的雨季污水直接由雨水沟引至污水贮存池处理。

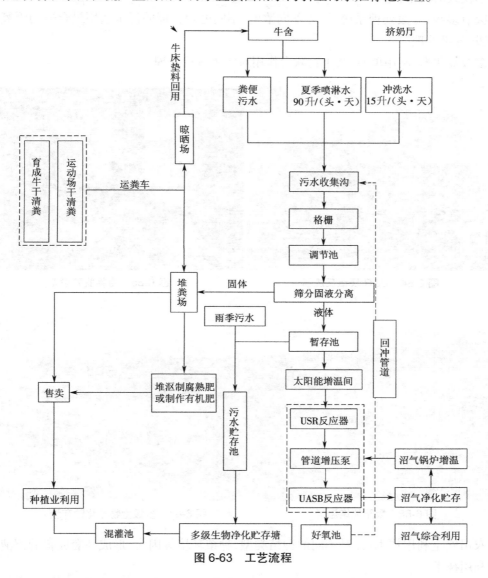

图6-63 工艺流程

运动场干清粪和育成牛干清粪由运粪车输送至堆粪场直接售卖,也可以堆沤腐熟制备有机肥,用作食用菌栽培基质或用作蚯蚓养殖基质,最终与种植业结合,发挥粪污独有的肥料作用。

四、建设内容

本项目主要建设内容包括综合处理池442 m³、混灌池128 m³、污水贮存池7 168 m³、一至五级生物塘10 038 m³、一级USR厌氧反应器、搅拌机、加热盘管、电池流量计、提升泵、循环泵、排泥泵、罗茨风机、二级USR厌氧反应器、螺旋泵,相应配套设施设备见图6-64~图6-67。

五、模式特点

本模式的技术特点如下。

厌氧多级、分段处理系统:针对不同浓度、不同处理目标的污水选用最合适的厌氧反应器多级、分级处理。

多级氧化塘:利用填料、微生物联合作用对污水进行处理。

图 6-64 USR 厌氧反应器   图 6-65 生物脱硫设备

图 6-66 太阳能增温管   图 6-67 多级生物净化贮存塘

农田安全利用技术:针对不同的种植类型、种植环境等因素,形成一套完善的沼液农田安全利用技术。

模式特点:本模式为规模化畜禽养殖场粪污处理提供了一条明确的方向——变废为宝,利用粪污产生诸如沼气、沼液、有机肥等产品增加收益,使养殖户乐于接受。本模式主要形式是种养一体化设计,经过整个生态链的循环,真正实现规模化养殖场粪污"零排放"。

缺点:一次性投资较大,需要专业人员进行管理和维护。

适用范围:适用于自有大量农田、温室大棚、果蔬用地、林地的大中型(年存量超过1 000头)规模化奶牛养殖场。

案例八　天津神驰农牧发展有限公司

一、技术模式

本案例采用垫料回用模式。

二、企业基本情况介绍

天津神驰农牧发展有限公司坐落在天津市滨海新区大港中塘镇甜水井村大赵路以东，占地 370 亩，建筑面积为 59 800 m²，设计存栏 2 224 头奶牛。场区附近有苜蓿地 5.36 km²、玉米地 1.34 km²、绿化植树 0.67 km²。

该公司引进澳大利亚荷斯坦纯种奶牛和美国集中挤奶散栏饲养工艺，同时采用并列式挤奶自动脱杯挤奶机、全混合日粮（TMR）饲喂技术、全程数字化智能电脑管理监控技术、畜禽粪污资源化利用技术等国内外先进的生产技术，奶牛存栏 2 650 头，其中成年母牛存栏 1 180 头，年产原料奶达 10 000 t。养殖场见图 6-68。

图 6-68　神驰牧业公司（组图）

三、技术方案

根据养殖场的实际情况，参照农业源核查模式，天津神驰农牧发展有限公司的畜禽粪污资源化利用采用垫料回用模式。奶牛粪污经固液分离后，固体粪便一部分经过好氧发酵无害化处理后回用作为牛床垫料，另一部分堆肥发酵，作为农田或果林的固体肥料；粪水贮存后作为肥料进行农田利用。

该公司引进奥地利保尔（Bauer）集团日处理 40 m³ 粪污的快速干燥系统（BRU 系统）。牛舍内改用水冲粪模式，大量污水和粪便混合后进入 BRU 系统。BRU 系统由一台固液分离机和一个好氧固态发酵罐组成，通过固液分离将固体输送到好氧固态发酵罐内进行好氧发酵，高温发酵 20 h 左右，出料直接回垫牛床。固液分离后的液体进入多级沉淀池沉淀后，进入厌氧贮存塘，经过 3 个月以上的贮存后混水进入周边自有农田内。

牛舍内的粪便通过刮粪车推到排粪沟中。排粪沟中收集的粪便由拉粪车运送到漏粪池，漏粪池中的粪便通过暗管内的循环水回冲，流向污物贮存车间 A 池。经 BRU 主机进行第一次固液分离后得到的固体物料在发酵仓内充分发酵,产生 65 ℃左右的高温,在高温下固体物料得以干燥灭菌,由输料设备输送到垫料库,再由抛料车将物料运至牛舍,铺在牛舍卧床上。第一次固液分离后得到的液体进入 B1 池,经二次固液分离后得到的固体物料由于含水量较高,故堆放在肥料库进行发酵,作为农田或果林的固体肥料。

　　经 BRU 系统处理后的液体,一部分用来回冲漏粪池,另一部分通过管道输送到氧化塘,进行氧化发酵,最终成为肥料,施用于牧场周边的枣林或农田。经粪沟冲洗系统处理的二次分离后的液体,通过埋设在地下的细管道,在泵压的作用下,回流至漏粪沟,与收集到的牛粪充分混合,稀释牛粪,使其通过管道流入粪便收集池。B2 池中的部分液体在泵压的作用下,通过地下管道流入氧化塘。粪水在氧化塘中经过氧化发酵,使液体中的有机物质得到充分分解后,便可作为液肥施用于农田或果林等。工艺流程见图 6-69。

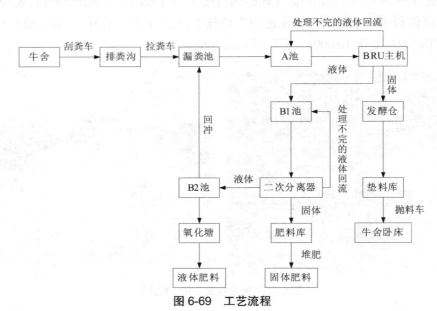

图 6-69　工艺流程

四、建设内容

　　该公司的主要设施、设备包括:牛舍混凝土排粪沟 1 600 m²、水冲粪暗管 600 m²、污物贮存车间 400 m³、多级沉淀池 450 m³、厌氧贮存塘 22 000 m³、堆粪棚 1 000 m²、细网固液分离机、BRU 系统、提升泵、潜水搅拌机、排泥泵、施肥系统、回灌车、切割潜水泵等。

　　1. 污物贮存车间

　　污物贮存车间主要包括 3 个集污池,分别为 A 池、B1 池和 B2 池。A 池的规格为 6 m×6 m×4 m,计算容积为 144 m³。B1 池、B2 池的规格为 6 m×3 m×4 m,计算容积分别 72 m³。每个集污池中设置 MSXH15 搅拌器两台。

　　2. 牛床垫料再生系统(BRU 系统)

　　牛床垫料再生系统(BRU 系统)主要包括 BRU 主机、控制面板、发酵仓、输料设备及二次分离器。BRU 主机用来对收集到的粪便进行固液分离。BRU 主机连接 3 条管道,其中 1 条用来进料,1 条用来对未及时处理的粪便进行回流,1 条用来输送处理完的粪便液体。从

BRU 主机中输出的固体干粪将进入发酵仓。控制面板可显示整个设备各进出口物料的温度及含水率。发酵仓用来对经 BRU 主机固液分离后的固体物料进行烘干和杀菌。微生物发酵使仓内的温度逐渐上升,最高可达 70 ℃,一般情况下温度为 65 ℃左右,大部分细菌将被灭活。同时,高温也使垫料尽快烘干。由发酵仓输出的物料的含水率及微生物含量均已达标。

3. 输料设备

输料设备将发酵仓内已完成杀菌及烘干过程的物料输送到垫料库。

4. 二次分离器

因 BRU 主机对粪便进行第一次固液分离后,液体含固率仍然较高,为保证粪便中的固体物质得到充分利用,以及液体部分的含固率满足回冲排粪沟水质的标准,故对 BRU 主机分离出的液体进行二次固液分离。分离机放置在污物贮存车间与肥料库的交界处。主要设施、设备及牛床垫料见图 6-70~ 图 6-76。

图 6-70　集污池

图 6-71　干湿分离过程

图 6-72　牛床垫料再生系统(BRU 系统)

五、模式特点

天津神驰农牧发展有限公司的粪污处理模式的特点如下。

优点。BRU可再生垫料与传统的垫料相比,具有突出优点。与沙子等传统无机垫料相比,BRU再生垫料更接近奶牛喜欢的自然舒适的草地环境,舒适性好,易于被奶牛接受,且后期其粪便处理比沙子垫料更简洁方便;与稻草等传统有机垫料相比,BRU再生垫料易获得,成本低,不受季节影响,可长期供应,管理方便。此外,在环保性、安全性、舒适性及经济性等方面,BRU可再生垫料也具有优势。采用BRU系统对奶牛场粪便进行处理后,场区内的环境得到改善,臭气排放量减少,蚊蝇等寄生虫减少,奶牛场整体环境的安全性得到了提高。牛舍卧床使用BRU再生垫料后,奶牛乳房炎及跛足病的患病率下降。

图6-73　牛床垫料(组图)

图6-74　堆粪棚　　　　　　　　图6-75　污水贮存池

缺点:一次性投资大,设备、设施占地面积较大,日常运行管理费用和设备维护费用高。

适用范围:适用于无能源需求、自有大量农业用地进行特色种植/养殖的大中型(年存栏量大于1 000头)规模化奶牛养殖场。

图 6-76　氧化塘

案例九　天津津澳牧业有限公司

一、技术模式

本案例采用牛粪养殖蚯蚓模式。

二、企业基本情况介绍

天津津澳牧业有限公司（图 6-77）位于天津市武清区河北屯镇南口哨村,占地面积为 21.74 万 m²,场内包括 6 个饲喂棚、2 个青储饲料窖、1 个饲料储藏区、1 个办公生活区（在建）,采用高强度彩钢架结构标准牛舍,自由卧栏,奶牛存栏 1 100 头。场内建设蚯蚓养殖示范基地 2 万 m²,投放蚯蚓苗 10 000 kg。

图 6-77　天津津澳牧业有限公司

三、技术方案

牛粪养殖蚯蚓模式是利用规模牛场牛粪养殖蚯蚓,将牛粪转化为蚯蚓粪的一种模式。此模式的固体粪便处理技术路线为:固体粪便用于养殖蚯蚓,由蚯蚓消纳粪便并转化成蚯蚓粪。工艺流程为:干清粪便和固液分离后的干物质采用运粪车转运至晾晒场,进行晾晒;将固体粪便和农作物废弃物按一定比例混合后,加入生物菌剂转至蚯蚓养殖场所,制作蚯蚓培养基,形成蚯蚓床;向蚯蚓床中投放蚯蚓苗,经过一段时间后,经分离得到蚯蚓和蚯蚓粪;蚯蚓用作高蛋白饲料,活体蚯蚓直接销售,蚯蚓粪用作蔬菜种植的有机肥料。污水采用暂存池—固液分离—厌氧池—沉淀池—生物塘—农业利用的组合处理方式,处理后的废水进行农业利用。此工艺流程如图 6-78 所示。

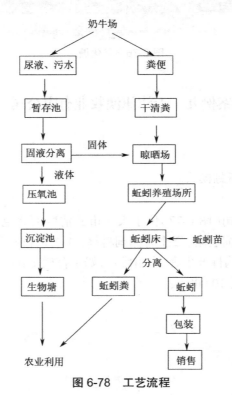

图 6-78　工艺流程

四、建设内容

该公司的主要建设内容包括如下几项。

1. 道路硬化

功能:便于雨季雨水的组织排放,改善养殖场尤其是粪污处理区的卫生环境,便于粪污处理区的维护管理和粪污运送。场区需要因地制宜地进行路面硬化。

规模:养殖场道路硬化面积依据平面布局图详细核算为 3 500 m²。

2. 雨污分离系统

功能:分离雨水和污水,将雨水直接外排至防疫沟,减少污水处理量。场区尚无雨水、粪污管道,需新建雨污分离暗管或暗渠。

污水管道:长 1 336 m。

3. 固液分离系统

(1)格栅池

功能:拦截粪污中的粗纤维、动物纤毛和杂物。

结构类型:全地下钢筋混凝土结构。

工艺尺寸:4 m×2 m×1 m(此处及以下相关尺寸均为"长 × 宽 × 高")。

数量:1 座。

(2)暂存池

功能:短暂贮存粪污,准备固液分离。

结构类型:全地下钢筋混凝土结构,加盖板。

滞留期:1 d。

有效容积:78.4 m³。

工艺尺寸:5 m×5 m×3.5 m。

数量:1 座。

附属设备:污泥提升泵。

(3)固液分离机

功能:进行固液分离。

型号:XMZG800/2000-UB。

数量:1 台。

4. 水解酸化池

功能:调节污水水质,避免后续厌氧池有机负荷的冲击,同时将固液分离后污水中复杂的、大分子量的有机物分解为小分子的、易于生物降解的有机物,水解部分蛋白类物质,减小后续厌氧反应池的体积,并为后续厌氧处理创造有利条件。

结构类型:全地下钢筋混凝土结构,加盖板。

滞留期:3 d。

有效容积:235 m³。

工艺尺寸:一级水解酸化池为 8 m×6 m×3 m,二级水解酸化池为 6.5 m×6 m×3 m。

数量:1 座。

5. 厌氧池

功能:对水解酸化池出水进行厌氧消化,去除污水中部分有机质和氧化污水中的有机氮。

结构类型:主体全地下结构,高出地面零标高 30 cm,铺设防渗膜,顶部加装阳光板。

滞留期:12 d。

有效容积:940 m³。

工艺尺寸:21.8 m×8 m×6 m。

数量:1 座。

6. 接触氧化池

功能:收集厌氧发酵后的沼液,进行接触氧化,降低氨含量。

结构类型:主体全地下结构,高出地面零标高 30 cm,加装围栏。

滞留期:1 d。

有效容积:78.4 m³

工艺尺寸:5.4 m×5.4 m×3.0 m。

数量:1 座。

附属设备:曝气设备(2 套)。

7. 沉淀池

功能:氧化池出水经沉淀池进入深度处理系统。

结构类型:主体全地下结构,高出地面零标高 30 cm,加装围栏。

滞留期:1 d。

有效容积:78.4 m³。

工艺尺寸:8 m×3.6 m×3 m。

数量:1 座。

8. 深度处理系统

功能:对沉淀池出水进行深度处理。

材质:土工布+防渗膜。

滞留期:5 d。

有效容积:392 m³。

工艺尺寸:22.7 m×8 m×2.4 m。

数量:1 套。

附属设备:污泥泵(1 台)。

9. 堆粪棚

功能:短暂贮存牛粪。

结构类型:砖混围墙+混凝土结构地面+轻钢罩棚结构,砖墙两侧抹防水砂浆,上方用罩棚做好防雨处理。

滞留期:7 d。

总容积:1 050 m³。

工艺尺寸:30 m×10 m×3.5 m(砖混围墙高 2.2 m)。

主要设施、设备见图 6-78~ 图 6-81。蚯蚓养殖场所和蚯蚓见图 6-82 和图 6-83。

五、模式特点

该模式以奶牛粪便为培养基质,利用蚯蚓的生长习性,将牛粪转化成蚯蚓粪进行农业利用,实现生物虫体与有机肥的双重收益。蚯蚓粪主要用作生物肥,用于改善土壤、解毒、预防病虫害等方面。

优点:蚯蚓粪无臭、无味,呈粒状,吸水渗透性较好。和牛粪相比,其矿物质含量要高。

使用蚯蚓粪既能提高土壤肥力,又可避免二次污染。

　　缺点:受养殖空间限制,此模式下牛粪处理能力有限,蚯蚓产量不大,无法进行大规模的养殖。

图 6-79　干湿分离设备

图 6-80　堆粪棚

图 6-81　污水贮存池

图 6-82　蚯蚓养殖场所

图 6-83　蚯蚓

案例十　天津和润畜牧养殖有限责任公司

一、技术模式

本案例采用有机肥模式。

二、企业基本情况介绍

天津和润畜牧养殖有限责任公司（见图 6-84）是天津市西青区一家规模化奶牛养殖企业，位于王稳庄镇小孙庄村北（青泊洼农场内）。场区总占地面积约为 12 万 m²，其中牛舍建筑面积约为 1.43 万 m²，现有牛舍 10 栋，挤奶间、办公住房和料库各 1 栋。生产区包括自由卧床牛舍、成年牛舍和犊牛舍。场区东面和南面是道路，西侧场外至道路间为防疫沟。场区奶牛年存栏量约为 850 头，其中泌乳牛约 400 头，小牛约 340 头。该公司建有年产量 10 000 t（其中颗粒料 2 000 t、粉料 8 000 t）的有机肥厂 1 处，年处理牛粪、秸秆等物料 31 466 t。牛场北面和西面分布着近 4.68 万 m² 的蔬菜大棚，北面大棚再向北有 1 000 m² 水塘。

该公司以奶牛粪便为主要原料，以作物秸秆、蘑菇菌棒等为辅料，添加适量发酵菌剂，混合搅拌均匀后定时翻堆，经发酵腐熟，彻底杀灭病毒、病菌等有害物质，达到无害化处理的目的，实现零污染排放；生产的商品有机肥是同时具有微生物肥和有机肥双效应的肥料，经济价值很高。

图 6-84　天津和润畜牧养殖有限责任公司

三、技术方案

1. 粪污处理

该场粪污处理路线共有 3 条，主要针对后备牛舍和泌乳牛舍产生的粪便和泌乳牛舍、挤奶厅、待挤间产生的污水进行处理。

1）6 栋后备牛舍的清粪方式为铲车清粪，粪便被直接运至有机肥生产车间发酵制肥后进行农用或售卖。

2）泌乳牛舍采用刮板清粪方式，粪便被暂存在对应的 4 个集污池中，粪道冲洗水、夏季喷淋水、牛尿液亦被收集至这 4 个集污池中。粪污过干时，从收储挤奶厅和待挤间污水的调节池引水至集污池调质匀浆，混匀后的粪水进入固液分离设施，分离出的粪便由清粪车拉走制肥，污水进入贮存池静置足够时间后农用。

3）挤奶厅和待挤间的污水单独处理，经过集污暗管收集后通过沉泥井定期除泥，再输送至调节池静置分离大块固体污泥和大颗粒悬浮物，调质匀浆，至水解酸化池和 A/O 池先后发生水解、产酸、产甲烷等一系列厌氧 - 好氧交互反应，最后通过 MBR 膜系统过滤净化，进一步去除污水中的有机物，最后进入植物生态沟后进行农业综合利用。

另外，为了保证雨季雨水不会进入污水处理设施，对粪污处理区的必要路面硬化，所有粪污处理和输排设施均要高出路面 100 mm，以防止雨水倒灌。此模式粪污处理工艺流程见图 6-85。

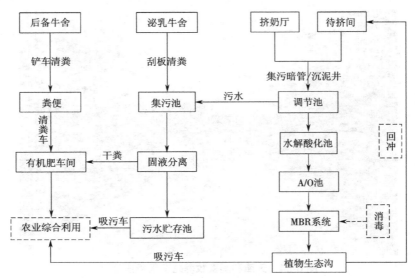

图 6-85　粪污处理工艺流程

固体粪便无害化处理基本设施设备包括堆粪棚（堆粪棚应具有防渗、防漏、防雨功能，不得污染地下水）和清粪车。

污水无害化处理基本设施设备包括集污池（钢筋混凝土结构，应具有防渗、防漏、防雨功能）和吸污车。

2. 有机肥制作

好氧发酵工艺是有机肥工艺技术方案选择的关键环节。目前好氧发酵工艺主要包括槽式发酵工艺、条垛式发酵工艺、反应器式发酵工艺等，本方案选择的是槽式发酵工艺。根据节能减排、环境保护及可持续发展战略的指导思想，针对当前牛粪处理现状，确定项目技术工艺选择原则。一是要选用成熟的技术工艺，综合考虑投资和效益的关系，做到选用的技术先进可靠、工艺方案切实可行、设备操作简单、运行费用低。二是要贯彻执行国家关于节能环保的方针政策，执行国家及天津市的有关法规、规范和标准，按照"减量化、资源化、无害化"原则，确定项目的工艺技术路线。三是设备选型要综合考虑设备性能和价格等因素，以节能、环保、运行可靠、操作管理方便、占地面积小和性价比高为原则。四是因地制宜，合理布局，有效利用占地空间，注重环境保护、职业安全卫生、消防及节能等各项措施的落实。

（1）粉状有机肥工艺参数

1）碳氮比（C/N）：发酵物料的碳氮比为（25~30）：1。

2）水分：发酵物料含水率为 55%~60%，以用手一攥指缝滴水为宜。

3）温度：发酵开始后，当 20~30 cm 深的物料的温度升至 55 ℃时保持 3 d，然后翻捣一次。若发酵初期温度不上升，则调整水分至推荐比例并每天翻捣一次直至堆温上升，当堆温升至 55 ℃后，保持 3 d，然后翻捣一次；之后根据堆温情况进行翻捣，温度上升时期不翻捣，温度停止上升则翻捣，并重复这一步骤，直到堆温与室外温度相同、含水率降至 30% 以下时，即完成了发酵过程。

4）腐熟剂：每 5 m³ 有机物料加入 1 kg 腐熟剂，翻捣均匀。

5）发酵周期：整个发酵周期通常为 15~20 d。

（2）颗粒有机肥生产工艺

按粉状有机肥工艺进行发酵后的原料经过分筛和深加工后即可加工颗粒有机肥。

造粒：将发酵好的纯有机肥加工成颗粒。根据不同的原料选择不同的造粒机，如圆盘造粒机、挤压造粒机、挤压抛球一体机等。

烘干、冷却、包装：刚造好的颗粒含水率比较大，需要将水分烘干至有机肥标准，将烘干的颗粒有机肥经过冷却机降温后直接进行包装。

有机肥生产工艺主要包括原料预处理、发酵腐熟和成品生产 3 个工序。原料预处理工序主要包括辅料粉碎、发酵原料装槽及混合等操作。秸秆等辅料被粉碎至 3~5 cm 长，牛粪沼渣由运输车卸至发酵槽，牛粪、辅料分层铺设，厚度各为 20 cm，由里至外，由翻抛机进行匀翻混合。发酵腐熟工序包括好氧发酵和二次腐熟 2 个环节，其中好氧发酵是指通过槽式好氧发酵系统使混合物料进行好氧发酵腐熟。采用翻抛机匀翻物料，每天翻抛一次，好氧发酵周期为 7 d。好氧发酵结束后，将发酵物料运输至二次腐熟车间。二次腐熟是指采用条垛式堆积形式使好氧发酵产物进行二次腐熟，达到有机肥腐熟标准，采用翻抛机匀翻物料，翻抛一两次。成品生产是对二次腐熟后的物料依次进行筛分、烘干、配料、混合、计量包装、贮存等步骤，生产商品有机肥，筛分过程中的大颗粒物料粉碎后进一步筛分。

（3）粉状有机肥的生产工艺流程

在奶牛粪便中添加适量蘑菇渣及发酵菌剂混合搅拌均匀后定时翻堆，发酵腐熟后再添加有益菌，进行二次发酵，最后进入生产车间通过过筛粉碎、质量检测后计量包装。

（4）颗粒有机肥的生产工艺流程

在奶牛粪便中添加适量发酵辅料及发酵菌剂混合搅拌均匀后定时翻堆，发酵腐熟后再进行第二次发酵，最后进入生产车间，通过过筛、造粒、烘干、冷却、质量检测后计量包装。

有机肥生产工艺流程见图 6-86。

关键设备选型根据工艺流程和设备配置方案，在满足生产要求的前提下，通过综合考虑设备的先进性、可靠性、经济性和适应性等因素确定。设备选型原则如下。

1）设备技术先进，自动化程度高。

2）设备的生产能力与生产规模相适应，并留有一定的生产负荷裕量。

3）设备的性能与产品工艺要求相适应，并能保证产品质量。

4）能源和原材料消耗低，节能高效，环境污染小。

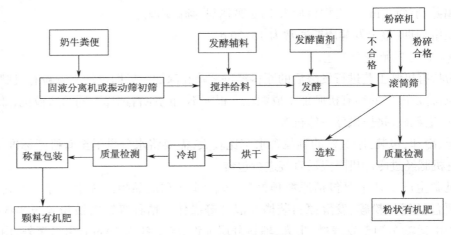

图 6-86　有机肥生产工艺流程

四、建设内容

　　该公司的主要建设内容包括建设堆肥发酵车间、堆肥腐熟车间、有机肥加工车间、原料及有机肥仓储库等,购置有机肥生产设备,配套建设有机肥厂其他公用辅助工程。该公司的主要设备及设施见图 6-87~ 图 6-93,浮游植物见图 6-94。

图 6-87　集污池

图 6-88　干湿分离车间(侧面)

图 6-89　干湿分离车间(正面)

图 6-90　堆粪棚

图 6-91　有机肥加工车间

图 6-92　有机肥处理设备

图 6-93　运粪车

图 6-94　浮游植物

五、模式特点

　　该模式以奶牛固体粪便为粪污主要来源,充分利用其有机质含量高的特点,制作商品有机肥进行农田利用。用此有机肥能增加果蔬产量,而且生产出来的农产品属于绿色食品,无公害且环保。

　　优点:有机肥发酵时间短,腐熟彻底,养分损失少,肥效虫害较快;有机肥经由有益微生物的作用,基本去除了畜禽粪便中原有的对作物生长不利的病虫害;有机肥经由发酵充分腐熟后施入土壤,不会造成作物烧根、烧苗;有机肥含有大量的有益微生物,微生物的运动能够改善土壤理化性状,抑制有害微生物的生长,促进作物生长。

　　缺点:需要大量土地消纳粪便污水,故受条件所限而适用性弱。

　　适用范围:固体粪便为现阶段治理重点、场区发酵原料充足、有合适场地且有资质进行商品有机肥生产的养殖场。

6.3 天津市家禽养殖粪污资源化利用模式及典型案例

案例十一 天津五谷香农业发展有限公司

一、技术模式

本案例采用有机肥生产模式。

二、企业基本情况介绍

天津五谷香农业发展有限公司位于天津市静海区团泊洼生活基地（四支区 8 号地南侧）。该公司养殖场，建筑占地面积约 2 700 m²，年存栏蛋鸡 100 000 只，有鸡舍 2 栋。该公司大门口见图 6-95。

图 6-95 天津五谷香农业发展有限公司大门口

三、技术方案

该公司养殖场采用人工干清粪工艺，将粪便推入堆粪棚内暂存，后运至有机肥生产车间生产有机肥，有机肥在场区农田自用或对外销售。舍内需要排出清洗污水，污水通过集污暗管进入检查井或卧泥井，沉淀泥沙后进入集污池暂时贮存，在农灌季节由养殖场自行通过吸粪车或泵运输至农田、林地、蔬菜大棚等处，经配水稀释后农用，实现种养一体化；在非农灌季节，多余肥水被收纳贮存，避免污水外排造成环境污染，实现减排。另外，为保证雨水不进入污水收贮设施，粪污处理设施周边必要区域进行路面硬化，场区内脏净道分离，所有粪污收贮设施均要高出路面 150 mm，以防止雨水倒灌。工艺流程如图 6-96 所示。

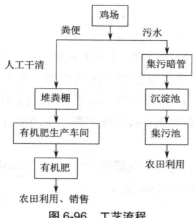

图 6-96　工艺流程

四、建设内容

1. 集污暗管

功能:因为场区范围较大,需利用集水暗管输送污水,达到雨污分离的效果。

结构类型:HDPE(高密度聚乙烯)双壁波纹管。

工艺尺寸:直径为 300 mm。

数量:60 m 长。

附属设施:甲型检查井 2 座,采用"砖砌抹面 + 预制盖板"结构。

2. 集污池

功能:集污池主要有沉砂、沉泥、水解、酸化和贮存的作用,可将水中混有的泥、砂、粪便残渣等与水分离开来,同时在水解酸化的过程中,使有机污染物大分子颗粒分解为小分子颗粒,提高污水的可生物降解性。

结构类型:全地下钢筋混凝土结构,池顶部距地面以上 15 cm;加护栏、轻钢结构阳光板盖板、防护网。

工艺尺寸:9 m(长)×4 m(宽)×3 m(高)。

数量:1 座。

3. 沉淀池

功能:主要用于沉淀刚从舍内排出的污水中的鸡粪等固体物。

结构类型:全地下钢筋混凝土结构,池顶部距地面以上 10~15 cm;加轻钢结构阳光板盖板、防护网。

工艺尺寸:2.5 m(长)×2.5 m(宽)×2.5 m(高)。

数量:1 座。

4. 堆粪棚

功能:存放和堆积腐熟粪便。

结构类型:混凝土防渗地面 + 砖混围墙 + 轻钢结构 + 彩钢板。

工艺尺寸:25 m(长)×15 m(宽)。

数量：1座。

5. 有机肥发酵棚

功能：对畜禽粪便进行快速好氧发酵，生产有机肥。

结构类型及工艺尺寸：有机肥发酵棚主体结构为阳光板钢结构，地面硬化，面积约为 1 300 m²，整体跨度不小于 10 m，棚的高度不小于 7 m，以方便铲车工作，整体封闭，侧墙采用压型彩钢板封闭，顶部使用双层阳光板与压型彩钢板的混合结构。

6. 二次发酵堆积棚

功能：对一次发酵后的原料进行陈化降温，二次发酵后形成成品有机肥。

工艺尺寸：55.55 m（长）× 29.24 m（宽）。

7. 有机肥生产设备

有机肥生产设备包括自动智能翻抛机、装载机、粉碎机、分筛机、搅拌机、自动称重灌装机、包装机等。

本项目的设施、设备见图 6-97~ 图 6-104。

图 6-97　堆粪棚

图 6-98　有机肥发酵棚

图 6-99　二次发酵堆积棚

图 6-100　集污池

图 6-101　翻抛机

图 6-102　有机肥生产、包装设备

图 6-103　装载机

图 6-104　有机肥包装车间

五、模式特点

优点:好氧堆肥发酵温度高,粪便无害化处理较彻底,发酵周期短;堆肥处理可提高粪便的附加值。

缺点:需要专业化的搅拌、翻抛、施肥等机械,投资较大。

适用范围:适用于只有固体粪便、无污水产生的家禽养殖场。

案例十二　天津市百胜蛋鸡养殖专业合作社

一、技术模式

本案例采用异位发酵床处理模式。

二、企业基本情况介绍

天津市百胜蛋鸡养殖专业合作社(见图 6-105)成立于 2013 年,位于天津市滨海新区中塘镇杨柳庄村,主要从事蛋鸡养殖。其养殖规模为 20 万只,现有优良蛋鸡存栏 10 万余只,有鸡舍 4 栋、库房 1 栋。

图 6-105　天津市百胜蛋鸡养殖专业合作社

三、技术方案

该养殖场采用干清粪工艺,鸡舍产出的粪便、污水经过管道输送至集污池中进行短期贮存,经搅拌机搅匀后用切割污水泵输送到异位发酵车间,经发酵池喷淋和抛翻即可。加入菌种的垫料内所含的微生物可将废水作为养料加以吸收、利用、转化。自动翻抛机翻抛垫料可以改善发酵料的通气条件,提高发酵效率。发酵成熟的固态粪污混合物可就地加工成有机肥或者对外销售。工艺流程如图 6-106 所示。

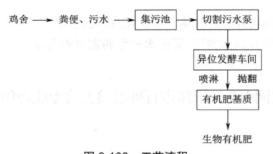

图 6-106　工艺流程

四、建设内容

1. 异位发酵车间

异位发酵车间为轻钢结构,面积为 2 880 m²,长 120 m,宽 24 m,檐高 6 m。房顶和侧墙采用彩钢板与阳光板相结合的方式铺设。

2. 发酵池

发酵池池墙长 105 m,宽 22 m,墙高度为 1.8 m,发酵床总容积为 4 158 m³,纵向两侧、横向两侧应平行并与墙面水平一致。

　　木屑和谷壳按 4∶6 比例混合后作为垫料使用,垫料厚度约为 1.6 m。锯末选择新鲜的干锯末,避免有化学物质的残留,比如二次加工的木料有防腐剂、油漆、沥青等化学物质,不允许使用。采用全自动翻堆机对垫料搅拌、翻抛均匀,且抛翻深度达到 1.5 m 以上。

　　3. 主要设备

　　翻抛机及附属设施设备 1 套

　　4. 发酵床运行及管理

　　(1)垫料按规定铺放:先在发酵床底部堆放 15~20 cm 厚的谷壳作为防腐层,再放 60 cm 厚木屑,上层再放 80~90 cm 厚谷壳,保证垫料达到规定厚度。

　　(2)1 m³ 垫料需用发酵菌 0.04 kg,发酵菌需均匀洒在垫料表层。

　　(3)开启翻抛机翻抛,并掌握初次泵入粪污在垫料床总立方量的 15% 以上,第二次在垫料床总立方量的 5% 以内,每 15 d 补充一次,一次 10 g/m³。

　　(4)补菌:补充菌种、有机酸和碳源。将菌种、有机酸、碳源泼洒于垫料表面,补充新鲜干垫料后,开动翻抛机翻耙垫料,连续对整个发酵床垫料翻耙两次。继续观察恢复情况,若发酵良好,温度可达到 60~70 ℃。

　　(5)发酵床管理。

　　①翻抛机要适合于深耕,要能深耕深翻到底部,当垫料达到使用期限后,必须将其从垫料槽中彻底清出,并重新放入新的垫料。

　　②均匀地将粪污用泵分布到独立式发酵床垫料上去。垫料厚度为 50~150 cm,加入强微发酵床复合菌 40~100 g/m³,葡萄糖 100 g/m³ 或玉米粉 200 g/m³。

　　③每天必须进行一次换气通风,冬天宜在中午进行换气。

　　本项目的建设内容见图 6-107 图 ~ 图 6-111。

图 6-107　异位发酵生产车间外观　　　　图 6-108　异位发酵车间内部

图 6-109　翻抛机（组图）

图 6-110　移位机　　　　　　　　　　　　图 6-111　垫料

五、模式特点

优点：占地面积小，投资小，零排放，不产生废水和烟气，无异味，无安全隐患；设备结构简单，操作方便，效果稳定，并且产出生物有机肥，把污染物变成资源。

缺点：垫料收购难，优质垫料（如锯末）成本较高。

适用范围：适用于夏季鸡粪无法消纳的鸡场。

案例十三　天津市广源畜禽养殖有限公司

一、技术模式

本案例采用生物处理模式。

二、企业基本情况介绍

天津市广源畜禽养殖有限公司（见图 6-112）坐落于天津市宝坻区大钟庄农场，是天津食品集团下属的百万只规模蛋鸡养殖企业。该公司于 2015 年启动建设，2016 年 6 月建成投产，占地面积达 16.54 万 m²，总投资 1.32 亿元，设计存栏量为 120 万只，共建有 4 栋育雏育成鸡舍、8 栋产蛋鸡舍、1 栋蛋品加工车间、1 栋有机肥车间,以及配套的生产、生活辅助设施,形成了完整的"育雏—产蛋—加工—销售"产业链条。

图 6-112　天津市广源畜禽养殖有限公司

三、技术方案

本项目将黑水虻种虫在其基地培养至幼虫采食高峰阶段时投放至工业化养殖设备,使蛋鸡养殖场与生物有机肥厂有机结合,大大提高了蛋鸡场的综合运行效率,将鸡粪变废为宝,养殖出高蛋白黑水虻鲜虫,同时生产出生物有机肥,实现了畜牧产业与水产产业的融合、种植业与养殖业相结合的生态循环农业模式,有效解决了畜禽粪便带来的一系列污染问题,真正意义上实现了蛋鸡养殖全程智能控制、无污染、零排放的绿色环保的现代化养殖模式。此项目采用智能化技术养殖黑水虻用于处理鸡粪,将黑水虻养殖车间与蛋鸡养殖车间无缝对接,鸡粪通过密闭的传送带自动进入黑水虻养殖车间。车间设计有 4 条自动化流水线,每条流水线包括立体养殖系统、通风环控系统、自动投食系统、成虫自动翻盒和自动装盒系统、筛分系统、搅拌机、烘干机、粉碎机、成品包装等配套设备。

该养殖场采用的黑水虻处理系统分为 4 个单元,即预处理单元、巷道养殖单元、生产线单元和环境控制单元。

1. 预处理单元

本单元通过配料、研磨、发酵、搅匀等技术工艺,使处理后的鸡粪满足黑水虻的适口性;该模块从鸡舍中的鸡粪出口开始,经过多段传送带把粗鸡粪运送至搅拌机,搅拌机一次可以容纳 2 栋鸡舍的单日出粪量。搅拌机装满鸡粪后添加适量的水和辅料进行搅拌混合,达到预定干湿度并充分搅匀后通过管道将物料泵入精磨机,再泵入原料发酵罐,发酵完成后通过发酵罐底部的低压泵送入均料机,均料机把发酵分层的原料进一步调匀后送入巷道养殖单元的投料机内, 8 台投料机之间的物料分配通过 8 套遥控分流控制阀实现。本模块全部设备用保温板封闭,起到保温和防异味的作用。本模块采用独立程序控制,需 1~2 人操作。工作人员负责观察各台设备的运行情况,调控相关温湿度、原料配比,补充辅料,添加发酵菌剂以及清除原鸡粪当中的杂物。

2. 巷道养殖单元

巷道养殖单元是本项目的核心模块,需要满足黑水虻生长过程中的喂料、控温、控湿和进排风要求。该单元设有 8 套独立养殖房,内设投料机 1 台、养殖架循环装置 1 套、独立的温湿度控制系统和进风排风系统。养殖房可容纳养殖架 120 台,每批次(8 d)额定鸡粪处理量为 80 t。每套养殖房采用独立程序控制,可以单独运行,根据每批次黑水虻的实际生长情况调节环境参数。整个养殖单元需要 2 人操作。工作人员负责监控各项运行指标和数据,调节投料量和处理紧急情况。

3. 生产线单元

该单元的主要功能是收集并分离养殖完成的黑水虻和虫粪,以及再投入新一批小幼虫。该单元包括自动导引车(AGV)、养殖架输送线、取盒机、翻盒机、分虫机、放盒机、筛选机、包装机等。AGV 的作用是把需要上生产线的养殖架从养殖房内运送到养殖架输送线上,采用固定轨道式行走结构。养殖架输送线可以存放 12 台养殖架,配合取盒机和放盒机工作,起到前后衔接、缓存的作用。取盒机采用升降链带把养殖盒从养殖架上依次取出送至翻盒机,翻盒机把混合物料倾倒进料斗中,再经过提升皮带送至筛选机进行分离,黑水虻虫体被定量装盒,虫粪有机肥被称重装袋;清空的养殖盒被输送到分虫机后,通过容积式定量方法给每个养殖盒重新分配一定量的黑水虻小幼虫,最后经过放盒机把养殖盒按顺序放回养殖架,重新换虫的养殖架在养殖架输送线上排队等待自动 AGV 将其送回养殖房。生产线设备较多,需要 5~6 人操作运行。工作人员主要负责监控设备的运行情况,补充小幼虫,运输包装好的黑水虻和有机肥,添加包装耗材等。

4. 环境控制单元

为满足黑水虻养殖过程所需要的生长环境和控制生产过程中所产生的废气,本项目配备了完整的环境控制系统,包括巷道养殖单元的温湿度控制设施、氨气处理装置、进排风系统、空气净化机组等。

本项目的工艺流程见图 6-113。

四、建设内容

黑水虻养殖车间建筑面积约为 1 万 m²,项目总投资 3 000 余万元,位于蛋鸡养殖场南侧,与蛋鸡养殖车间无缝对接,鸡粪通过密闭的传动带自动进入有机肥处理车间。

1. 预处理单元设备

(1)水平传送带

该传送带的主要作用是把鸡粪从鸡舍出粪口输送至搅拌机,因在户外安装,故其框架和护罩均为不锈钢材质,根据现场地形就地搭建钢管支架固定。过街传送带还需要制作移动式支架,当大型车辆通过时可以移开,所有传送带的启停都由预处理单元统一控制。

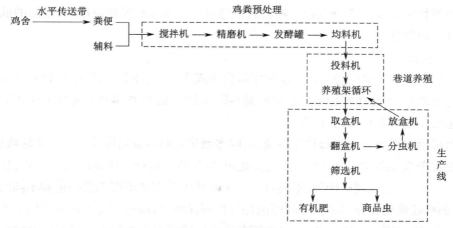

图 6-113 工艺流程

（2）自动搅拌机

搅拌机的主要作用是预混合物料和缓存鸡粪。新鸡粪比较粗糙,杂质较多,在搅拌机入口处安装过滤网,避免大块物体进入搅拌机堵塞管道。在搅拌机底座上安装质量传感器,实时采集鸡粪存量、辅料添加量和加水量,辅料添加比例为 10%~15%,加水比例视实际情况调节。不同季节鸡粪干湿度不同,加水量也不同,需要人工监视,含水率控制到 65% 左右。拌匀时间为满料后 30 min 左右,完成后启动罐体出料口螺杆泵,用管道把混合料泵入精磨机。

（3）精磨机

精磨机靠一对锥形的定齿与转齿做相对运动,物料通过定、转齿之间的间隙受到剪切力、摩擦力、离心力和高频振动的作用,从而实现粉碎、乳化、均质。它是专门针对鸡粪养殖黑水虻过程中存在的原料问题开发的,可将鸡粪里的砂粒和鸡毛等杂质一并磨碎,这样处理后的配料有 3 个优点。

1）实现了各设备间的管道输送,细腻的膏状物料流动性更好,不会阻塞泵体、管道、阀门和投料机,管道输送相较于绞龙输送和皮带输送具有成本低、效率高、清洁卫生、无异味,结构简单、易维护,设备布局灵活、方便的诸多优点。

2）使黑水虻进食更容易,对营养吸收更充分。黑水虻口器较小,对于鸡粪当中的大颗粒物质,黑水虻无法有效过腹转化,研磨过后的膏状物料就可以有效解决这个问题,使转化率可提高 20%~30%。

3）因物料精细,虫粪会呈均匀的细粉状,为后段的筛选降低了难度,提高了末端产品的品质。

（4）高压泵

高压泵采用液压圆弧齿轮式结构,具有压力大、扬程高、稳定可靠等优点。2 台高压泵分别给发酵罐和投料机供料。

（5）发酵罐

发酵罐装有加热管,可以常年保持罐内温度在 20 ℃以上。发酵罐顶端设有限压阀,可自动排气降压。主搅拌电动机带动罐内搅拌器定时搅动物料,乳酸菌喷淋嘴定时喷洒菌液,这样可以使物料和菌液充分混合。物料的发酵过程为 3~4 d，发酵好以后，底部的低压泵将发酵料打入均料机。

（6）均料机

由于原料经过发酵后会出现一定的干湿分离现象，并有变稀的情况，所以在注入投料机前需要进行调和，可能还要加入一定量的辅料以调节干湿度，均料机可完成上述功能。

2. 巷道养殖单元的设施、设备

养殖房控制系统分为 8 套独立系统，不同养殖房之间由通信模块连接以传输数据信号。每套系统都是自主控制，不需要外部支持也可 24 h 独立运行。该系统负责控制投料机、养殖架循环轨道、环境控制机构等，不同日龄的黑水虻生长需要不同的投喂量和不同的环境控制参数；黑水虻高密度养殖需要不间断的环境控制保障，所以养殖房正常生产以后不得随意断电，可编程序逻辑控制器（PLC）根据所有环境传感器回传的数据信息及时调整各种环境控制设备的运行参数，使养殖房内部始终保持最佳环境状态。

（1）恒温恒湿养殖房

养殖房采用保温板搭建，内设"回"字形养殖架循环轨道，一端安装投料机，可以容纳 120 台养殖架。

为满足黑水虻的生长需求，养殖房以环境控制为设计重点。室内由燃气锅炉供热，由制冷除湿机和水空调降温；干湿度由除湿机和喷雾器（安装在投料机料嘴上）联合调节；空气质量通过充分的通排风系统和内循环净化机予以保证；分段安装的扰流风机保证整个内部空间各个角落的环境参数保持均衡。每套养殖房内都设有独立的环境监测控制系统，通过温湿度传感器和有害气体探测器采集实时数据，根据环境变化和实际需要及时调节各环境控制设备的运行参数，以满足黑水虻生长需要的苛刻条件。

（2）养殖架

养殖架是为黑水虻自动化立体养殖所设计的专用移动承载盒架，配合专用养殖盒使用。该结构是整个养殖系统的核心，所有的自动化结构都围绕这个标准盒架来实现。每个养殖架分 10 层，每层 8 个养殖盒，共容纳 80 盒。

养殖盒采用高密度聚乙烯注塑成型，为长方锥形结构，可套盒，可以累积投喂 10 kg 鸡粪，上口内沿设有防逃逸隔离带，通过特殊的表面结构阻断了黑水虻的逃逸通道。

（3）投料机

投料机采用容积定量活塞注射式结构，整机分为上、下两部分，上部是投料部分，下部是盒架移动平台。投料部分设有垂直分布的 10 个投料管，分别对应 10 层养殖盒。投料时移动平台左右移动，投料部分前后移动，互相配合使投料嘴对准目标养殖盒。储料仓底部的齿轮泵把物料打入定量注射器内，打满以后气动阀门切换到注射模式，用压缩空气推动活塞将物料注入养殖盒，按养殖工艺设定每天可以多次投料，少投勤投，使虫子一直吃新鲜物料。投料管还装有乳酸菌喷嘴，投料前先向虫粪喷洒适量的乳酸菌液，用于抑制原有物料的氨气释放，还可以喷清水，调节盒内的干湿度。

（4）养殖架循环轨道

循环轨道为分段组合式钢架结构,养殖架行走靠两侧的液压推架器推动。

3. 生产线单元

（1）取盒机

取盒机与放盒机的结构是一样的,在实际工作中运行方向相反。其工作原理是将链条输送带插入养殖架上的盒子底部,把盒子托起使盒子脱离卡口,链带启动把单层盒子输送出养殖架,待盒子全部移出后链带继续上升依次将其余 9 层盒子全部取出,再更换下一台养殖架。放盒机则采用反向动作实现养殖盒装架功能,链带上的盒子通过循环链挂板逐层提升到高位(与翻盒机工作面平齐),等待翻盒机推盒器将其推走。

（2）翻盒机

翻盒机的作用是把养殖盒里的物料完全倾倒干净,用料斗收集后送入筛选机。

（3）筛选机

筛选机采用滚筒式结构。本项目设置 2 台筛选机配合使用,根据黑水虻体形和虫粪颗粒大小选择孔径合适的不锈钢筛网,工作时物料从高端入料口加入,虫粪透过筛网落下,通过斜坡侧板集中到底部的输送带上,再通过提升皮带机进入有机肥包装机进行包装。黑水虻由于体形大于网孔,会一直滚落到滚筒低端出口,经出料漏斗进入虫子输送带进行装盒。

（4）分虫机

分虫机需要在不伤虫子的前提下把等量的小幼虫分配到养殖盒里。由于小幼虫与一定量的饵料混合,在静止状态下小幼虫会聚堆,使虫子和饵料分布不均匀,所以独机持续旋转叶轮,让两者不断融合成均匀状态,然后用可调容积的定量杯取出相同体积的 8 份混合物(小幼虫和饵料),快速倒入 8 支养殖盒中。

4. 环境控制单元设备

环境控制单元由温湿度控制系统、通风系统、内循环净化系统、空气净化排放系统等几部分组成。温湿度控制系统由加热系统、降温除湿系统和自动控温控湿系统组成。加热系统由燃气热水锅炉供热的暖气管道组成,可以在冬季保持巷道内温度在 25 ℃以上。降温机构利用水帘原理进行降温。除湿机通过压缩冷凝过程收集空气中的水分,降低空气湿度。自动控温控湿系统利用巷道内安装的温湿度传感器采集温湿度数据传回控制柜。环境控制 PLC 根据设定的参数实时启停各控温控湿设备,使环境温湿度恒定在预设范围内。

（1）通风系统

通风系统由新风系统、扰流风机、负压排风系统组成。新风系统是在巷道顶部布置多个进风口,进风口具有加热和降温功能。冬季新空气首先经过换热器进行加热,夏季新空气则先经过水帘降温再进入内部空间,避免温差过大的新空气对养殖环境造成破坏。巷道内部的传感器采集空气质量信号,环境控制 PLC 根据信号比对控制新风系统运行。扰流风机分布在巷道内部,对内部空气进行扰动,使气流不断穿过养殖盒,送入新鲜空气,带走污浊气体,并且使空间各个角落的温度达到均衡。负压排风系统利用室外空气净化机组的离心风机产生负压,使废气经排风管道被排出。巷道内外分布着压差探头,控制系统可以通过监视内外气压差自动判断负压排放系统是否正常运转,排风过程也根据空气质量传感器的数据进行调节,尽量保持空气质量和温控能耗的最佳平衡。

（2）内循环净化系统

本系统是设置在巷道内部的除氨除臭设备,通过雾化水和活性炭吸收黑水虻养殖过程中产生的氨气和臭味。

（3）温湿控制系统

本项目的温湿控制系统包括冬季养殖房取暖系统、发酵罐加温系统、夏季新风制冷系统、内循环制冷系统。后两套降温除湿系统已经在前面讲述过,这里主要说明加温和控温系统。本项目采用燃气热水锅炉提供热源,在养殖区域底层铺设水循环散热管道,在低温天气对养殖房进行供热,使之保持在25~30 ℃的恒温环境。养殖房内以20 m间隔布设温湿度传感器,通过总控系统自动监测内环境数据,并随时按预先设定数据调节供热、制冷和通风设备的运行参数,确保系统正常运行。

各种设施、设备见图6-114~ 图6-121。

图 6-114　鸡粪传送带

图 6-115　鸡粪研磨设备

图 6-116　鸡粪预处理设备

图 6-117　筛分机

图 6-118 投喂机

图 6-119 净化设备

图 6-120 生产线（组图）

图 6-121 养殖巷道（组图）

五、模式特点

优点：改变了传统的利用微生物处理粪便的理念，可以实现集约化管理；资源化利用效率高，无二次排放及污染，实现生态养殖。

缺点：动物蛋白养殖对环境的温度、湿度、透气性要求高，还要防止鸟类等天敌的偷食。

适用范围：适用于远离城镇、有闲置地、周边有农田、农副产品较丰富的中、大型规模养殖场。

六、运行成效

本项目年处理鸡粪 25 000 t，年产 2 000 t 黑水虻鲜虫，烘干后年产 800 t 干虫（蛋白虫），可替代饲料中的 10% 蛋白；年生产 12 000 t 生物有机肥。每千克鲜虫的市场价为 4 元，每吨虫粪有机肥的单价为 800~1 000 元。该公司每年在农业肥料及水产养殖饲料等方面可节约成本 500 余万元。此外，黑水虻养殖可带动种植、水产养殖面积 667 万 m² 左右。

6.4　天津市商品有机肥利用模式及典型案例

案例十四　天津亚派绿肥生物科技发展有限公司

一、技术模式

本案例采用商品有机肥模式。

二、企业基本情况介绍

天津亚派绿肥生物科技发展有限公司（见图 6-122）位于天津市静海区大邱庄镇胡连庄村东，占地面积约为 1.9 万 m²，是一家以天津农业科学院为技术依托单位的生物技术型高科技企业，注册资金 1 500 万元。其主要利用畜禽粪便生产生物有机肥料，年生产规模为 3 万 t，具备完善的有机肥料生产车间、有机肥料生产设备、质量检测分析实验室和仪器设备，有很强的市场推广能力和影响力，获得了很好的经济效益，财务状况良好。

该公司在原有有机肥项目的基础上，加入微生物，对有机肥的品质进行提升，对生物有机肥生产线的建立、生产和推广具有重要的参考意义。本项目包括微生物发酵车间的建设、生物有机肥成品库的建设、生物发酵设备的购置、微生物多功能实验室仪器设备的购置以及微生物多功能实验室的建设。

图 6-122　天津亚派绿肥生物科技发展有限公司

三、技术方案

生物有机肥生产工艺流程如下。

1. 微生物发酵工艺流程

本工艺以碳源、氮源及无机盐为发酵原料,经过高温灭菌后接种,微生物进行连续发酵,步骤如下。

菌株扩培:将保存的菌种接种到按配方制备的灭菌培养基中,经发酵扩培,制备成进罐菌种。

一级发酵:将制备好的进罐菌种接种到种子罐进行一级好氧发酵。

二级发酵:将一级发酵后的发酵液扩大发酵,进一步提升目的菌数及代谢酶产物。

检测和包装:对生物有机肥进行检测和包装。

微生物发酵工艺流程见图 6-123。

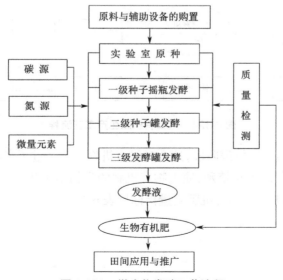

图 6-123　微生物发酵工艺流程

2. 生物有机肥固体发酵工艺流程

考虑到生物有机肥养分、功能菌数量、成品肥颜色和试验效果,生物有机肥生产原料以微生物菌种、鸡粪、糠醛与腐殖酸为主。

物料的碳氮比(C/N 值)为 25~30,含水率为 50%~60%,堆高 60~80 cm。工作人员利用翻捣频率来控制堆肥的通气量和温度,使堆肥进程加快。在垛温未达到 55 ℃之前,不翻垛,以便垛温能够快速升到 55 ℃以上。如果发酵物料的含水率在 60% 以上,或发酵开始 2 d 之后,堆肥温度仍未达到 50 ℃以上,则必须立即进行翻捣,以增加垛中氧气含量,促进微生物快速生长,从而使发酵顺利进行。当垛温升到 55 ℃以上时,不进行翻捣,通过连续 3 d 的闷堆,杀死粪肠杆菌和蛔虫卵等有害病原微生物和虫卵,以后每 2 d 翻捣一次,直到堆肥温度恒定。当堆肥温度超过 70 ℃时,需立即进行翻捣,通过降温消除高温对微生物生长的抑制,促使大量中温菌活动,加快堆肥的进程。翻垛过程中要做到"调、匀、碎"。"调"就是把垛中原来上层部分调到地表成为下层部分,而下层部分调到表层变为上层部分,以达到充分发酵的目的。"匀"就是对垛中原料混合还不均匀的部分再次进行混匀工作。"碎"就是对在发酵过程中形成的块状发酵物进行破碎。随着发酵的进行,堆肥温度会自然降到 30 ℃左右,含水率降到 20% 左右,这时应停止翻垛,结束发酵,整个发酵周期为 15~20 d。

生物有机肥生产工艺流程见图 6-124。

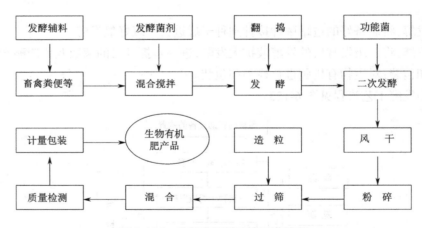

图 6-124　生物有机肥生产工艺流程

功能菌加入时间为二次发酵阶段,这个时候有机物料已经过了高温腐熟阶段,温度不再突破 50 ℃,适合目标菌的生长繁殖,使生物有机肥的生物指标达到农业部生物有机肥标准(NY 884—2012)的要求。生物有机肥质量指标见表 6-1。

表 6-1　生物有机肥(粉剂)质量指标

	有机质含量(以干基计)/%	含水率 /%	有效活菌数 /(亿个 / 克)
生物有机肥	> 5.0	≤ 30	0.20

四、建设内容

1. 场地的硬化

场地占地 3 000 m²,包括微生物发酵车间、生物有机肥成品库与微生物多功能实验室。该公司对所有场地进行硬化,主要方法是在地面压实 50 cm 的基础上,铺上两步灰土,每步 15 cm 厚,在两步灰土基础上再铺 20 cm 厚水泥地面。

2. 厂房建设

厂房建设包括微生物发酵车间、生物有机肥成品库与微生物多功能实验室的建设。其中微生物发酵车间占地 1 440 m²,高 12 m,为封闭式彩钢板结构建筑。微生物有机肥成品库占地 720 m²,高 12 m,为封闭式彩钢板结构建筑。微生多功能实验室占地 720 m²,高 7 m,为封闭式砖混结构。

3. 微生物发酵系统设备的购置

微生物发酵系统包括不锈钢全封闭式种子罐和发酵罐、油水分离空压机、电锅炉。微生物发酵系统应满足以下要求:具有严密的结构、良好的液体混合特性、良好的热传递速率;可避免交叉污染;有可靠而准确的配套检测控制仪表。

微生物多功能实验室的仪器设备包括显微镜与成像系统、超净工作台等。

本项目的主要建设内容见图 6-125~ 图 6-130。

图 6-125　原料贮存车间　　　　　　图 6-126　陈化车间

图 6-127　有机肥发酵车间

图 6-128　有机肥发酵车间

图 6-129　造粒包装车间

图 6-130　实验室内部

五、模式特点

有机肥发酵时间短，腐熟彻底，养分损失少，肥效较快；有机肥经由有益微生物的作用，基本去除了畜禽粪便中原有的对作物生长有害的病虫害。有机肥经由发酵、充分腐熟后施入土壤，不会造成作物烧根、烧苗。有机肥含有大量的有益微生物，微生物的运动能够改善土壤的理化性状，抑制有害微生物的生长，促进作物生长。制作商品有机肥进行农业利用，能增量农产品产量，而且生产出来的农产品属于绿色食品，无公害且环保。

适用范围：固体粪便为现阶段治理重点、场区发酵原料充足、有合适场地且有资质进行商品有机肥生产的养殖场。

附 录

附录 1　畜禽规模养殖污染防治条例

2013 年 11 月 11 日,国家公布《畜禽规模养殖污染防治条例》。本条例共 6 章 44 条,自 2014 年 1 月 1 日起施行。

第一章　总　　则

第一条　为了防治畜禽养殖污染,推进畜禽养殖废弃物的综合利用和无害化处理,保护和改善环境,保障公众身体健康,促进畜牧业持续健康发展,制定本条例。

第二条　本条例适用于畜禽养殖场、养殖小区的养殖污染防治。

畜禽养殖场、养殖小区的规模标准根据畜牧业发展状况和畜禽养殖污染防治要求确定。

牧区放牧养殖污染防治,不适用本条例。

第三条　畜禽养殖污染防治,应当统筹考虑保护环境与促进畜牧业发展的需要,坚持预防为主、防治结合的原则,实行统筹规划、合理布局、综合利用、激励引导。

第四条　各级人民政府应当加强对畜禽养殖污染防治工作的组织领导,采取有效措施,加大资金投入,扶持畜禽养殖污染防治以及畜禽养殖废弃物综合利用。

第五条　县级以上人民政府环境保护主管部门负责畜禽养殖污染防治的统一监督管理。

县级以上人民政府农牧主管部门负责畜禽养殖废弃物综合利用的指导和服务。

县级以上人民政府循环经济发展综合管理部门负责畜禽养殖循环经济工作的组织协调。县级以上人民政府其他有关部门依照本条例的规定和各自职责,负责畜禽养殖污染防治相关工作。

乡镇人民政府应当协助有关部门做好本行政区域的畜禽养殖污染防治工作。

第六条　从事畜禽养殖以及畜禽养殖废弃物综合利用和无害化处理活动,应当符合国家有关畜禽养殖污染防治的要求,并依法接受有关主管部门的监督检查。

第七条　国家鼓励和支持畜禽养殖污染防治以及畜禽养殖废弃物综合利用和无害化处理的科学技术研究和装备研发。各级人民政府应当支持先进适用技术的推广,促进畜禽养殖污染防治水平的提高。

第八条　任何单位和个人对违反本条例规定的行为,有权向县级以上人民政府环境保护等有关部门举报。接到举报的部门应当及时调查处理。

对在畜禽养殖污染防治中作出突出贡献的单位和个人,按照国家有关规定给予表彰和奖励。

第二章 预 防

第九条 县级以上人民政府农牧主管部门编制畜牧业发展规划,报本级人民政府或者其授权的部门批准实施。畜牧业发展规划应当统筹考虑环境承载能力以及畜禽养殖污染防治要求,合理布局,科学确定畜禽养殖的品种、规模、总量。

第十条 县级以上人民政府环境保护主管部门会同农牧主管部门编制畜禽养殖污染防治规划,报本级人民政府或者其授权的部门批准实施。畜禽养殖污染防治规划应当与畜牧业发展规划相衔接,统筹考虑畜禽养殖生产布局,明确畜禽养殖污染防治目标、任务、重点区域,明确污染治理重点设施建设,以及废弃物综合利用等污染防治措施。

第十一条 禁止在下列区域内建设畜禽养殖场、养殖小区:

(一)饮用水水源保护区、风景名胜区;

(二)自然保护区的核心区和缓冲区;

(三)城镇居民区、文化教育科学研究区等人口集中区域;

(四)法律、法规规定的其他禁止养殖区域。

第十二条 新建、改建、扩建畜禽养殖场、养殖小区,应当符合畜牧业发展规划、畜禽养殖污染防治规划,满足动物防疫条件,并进行环境影响评价。对环境可能造成重大影响的大型畜禽养殖场、养殖小区,应当编制环境影响报告书;其他畜禽养殖场、养殖小区应当填报环境影响登记表。大型畜禽养殖场、养殖小区的管理目录,由国务院环境保护主管部门商国务院农牧主管部门确定。

环境影响评价的重点应当包括:畜禽养殖产生的废弃物种类和数量,废弃物综合利用和无害化处理方案和措施,废弃物的消纳和处理情况以及向环境直接排放的情况,最终可能对水体、土壤等环境和人体健康产生的影响以及控制和减少影响的方案和措施等。

第十三条 畜禽养殖场、养殖小区应当根据养殖规模和污染防治需要,建设相应的畜禽粪便、污水与雨水分流设施,畜禽粪便、污水的贮存设施,粪污厌氧消化和堆沤、有机肥加工、制取沼气、沼渣沼液分离和输送、污水处理、畜禽尸体处理等综合利用和无害化处理设施。已经委托他人对畜禽养殖废弃物代为综合利用和无害化处理的,可以不自行建设综合利用和无害化处理设施。

未建设污染防治配套设施、自行建设的配套设施不合格,或者未委托他人对畜禽养殖废弃物进行综合利用和无害化处理的畜禽养殖场、养殖小区不得投入生产或者使用。

畜禽养殖场、养殖小区自行建设污染防治配套设施的,应当确保其正常运行。

第十四条 从事畜禽养殖活动,应当采取科学的饲养方式和废弃物处理工艺等有效措施,减少畜禽养殖废弃物的产生量和向环境的排放量。

第三章　综合利用与治理

第十五条　国家鼓励和支持采取粪肥还田、制取沼气、制造有机肥等方法,对畜禽养殖废弃物进行综合利用。

第十六条　国家鼓励和支持采取种植和养殖相结合的方式消纳利用畜禽养殖废弃物,促进畜禽粪便、污水等废弃物就地就近利用。

第十七条　国家鼓励和支持沼气制取、有机肥生产等废弃物综合利用以及沼渣沼液输送和施用、沼气发电等相关配套设施建设。

第十八条　将畜禽粪便、污水、沼渣、沼液等用作肥料的,应当与土地的消纳能力相适应,并采取有效措施,消除可能引起传染病的微生物,防止污染环境和传播疫病。

第十九条　从事畜禽养殖活动和畜禽养殖废弃物处理活动,应当及时对畜禽粪便、畜禽尸体、污水等进行收集、贮存、清运,防止恶臭和畜禽养殖废弃物渗出、泄漏。

第二十条　向环境排放经过处理的畜禽养殖废弃物,应当符合国家和地方规定的污染物排放标准和总量控制指标。畜禽养殖废弃物未经处理,不得直接向环境排放。

第二十一条　染疫畜禽以及染疫畜禽排泄物、染疫畜禽产品、病死或者死因不明的畜禽尸体等病害畜禽养殖废弃物,应当按照有关法律、法规和国务院农牧主管部门的规定,进行深埋、化制、焚烧等无害化处理,不得随意处置。

第二十二条　畜禽养殖场、养殖小区应当定期将畜禽养殖品种、规模以及畜禽养殖废弃物的产生、排放和综合利用等情况,报县级人民政府环境保护主管部门备案。环境保护主管部门应当定期将备案情况抄送同级农牧主管部门。

第二十三条　县级以上人民政府环境保护主管部门应当依据职责对畜禽养殖污染防治情况进行监督检查,并加强对畜禽养殖环境污染的监测。

乡镇人民政府、基层群众自治组织发现畜禽养殖环境污染行为的,应当及时制止和报告。

第二十四条　对污染严重的畜禽养殖密集区域,市、县人民政府应当制定综合整治方案,采取组织建设畜禽养殖废弃物综合利用和无害化处理设施、有计划搬迁或者关闭畜禽养殖场所等措施,对畜禽养殖污染进行治理。

第二十五条　因畜牧业发展规划、土地利用总体规划、城乡规划调整以及划定禁止养殖区域,或者因对污染严重的畜禽养殖密集区域进行综合整治,确需关闭或者搬迁现有畜禽养殖场所,致使畜禽养殖者遭受经济损失的,由县级以上地方人民政府依法予以补偿。

第四章　激励措施

第二十六条　县级以上人民政府应当采取示范奖励等措施,扶持规模化、标准化畜禽养殖,支持畜禽养殖场、养殖小区进行标准化改造和污染防治设施建设与改造,鼓励分散饲养向集约饲养方式转变。

第二十七条　县级以上地方人民政府在组织编制土地利用总体规划过程中,应当统筹安排,将规模化畜禽养殖用地纳入规划,落实养殖用地。

国家鼓励利用废弃地和荒山、荒沟、荒丘、荒滩等未利用地开展规模化、标准化畜禽养殖。

畜禽养殖用地按农用地管理,并按照国家有关规定确定生产设施用地和必要的污染防治等附属设施用地。

第二十八条　建设和改造畜禽养殖污染防治设施,可以按照国家规定申请包括污染治理贷款贴息补助在内的环境保护等相关资金支持。

第二十九条　进行畜禽养殖污染防治,从事利用畜禽养殖废弃物进行有机肥产品生产经营等畜禽养殖废弃物综合利用活动的,享受国家规定的相关税收优惠政策。

第三十条　利用畜禽养殖废弃物生产有机肥产品的,享受国家关于化肥运力安排等支持政策;购买使用有机肥产品的,享受不低于国家关于化肥的使用补贴等优惠政策。

畜禽养殖场、养殖小区的畜禽养殖污染防治设施运行用电执行农业用电价格。

第三十一条　国家鼓励和支持利用畜禽养殖废弃物进行沼气发电,自发自用,多余电量接入电网。电网企业应当依照法律和国家有关规定为沼气发电提供无歧视的电网接入服务,并全额收购其电网覆盖范围内符合并网技术标准的多余电量。

利用畜禽养殖废弃物进行沼气发电的,依法享受国家规定的上网电价优惠政策。利用畜禽养殖废弃物制取沼气或进而制取天然气的,依法享受新能源优惠政策。

第三十二条　地方各级人民政府可以根据本地区实际,对畜禽养殖场、养殖小区支出的建设项目环境影响咨询费用给予补助。

第三十三条　国家鼓励和支持对染疫畜禽、病死或者死因不明畜禽尸体进行集中无害化处理,并按照国家有关规定对处理费用、养殖损失给予适当补助。

第三十四条　畜禽养殖场、养殖小区排放污染物符合国家和地方规定的污染物排放标准和总量控制指标,自愿与环境保护主管部门签订进一步削减污染物排放量协议的,由县级人民政府按照国家有关规定给予奖励,并优先列入县级以上人民政府安排的环境保护和畜禽养殖发展相关财政资金扶持范围。

第三十五条　畜禽养殖户自愿建设综合利用和无害化处理设施、采取措施减少污染物排放的,可以依照本条例规定享受相关激励和扶持政策。

第五章　法律责任

第三十六条　各级人民政府环境保护主管部门、农牧主管部门以及其他有关部门未依照本条例规定履行职责的,对直接负责的主管人员和其他直接责任人员依法给予处分;直接负责的主管人员和其他直接责任人员构成犯罪的,依法追究刑事责任。

第三十七条　违反本条例规定,在禁止养殖区域内建设畜禽养殖场、养殖小区的,由县级以上地方人民政府环境保护主管部门责令停止违法行为;拒不停止违法行为的,处 3 万元以上 10 万元以下的罚款,并报县级以上人民政府责令拆除或者关闭。在饮用水水源保护区建设畜禽养殖场、养殖小区的,由县级以上地方人民政府环境保护主管部门责令停止违法行为,处 10 万元以上 50 万元以下的罚款,并报经有批准权的人民政府批准,责令拆除或者关闭。

第三十八条　违反本条例规定,畜禽养殖场、养殖小区依法应当进行环境影响评价而未进行的,由有权审批该项目环境影响评价文件的环境保护主管部门责令停止建设,限期补办手续;逾期不补办手续的,处 5 万元以上 20 万元以下的罚款。

第三十九条　违反本条例规定,未建设污染防治配套设施或者自行建设的配套设施不合格,也未委托他人对畜禽养殖废弃物进行综合利用和无害化处理,畜禽养殖场、养殖小区即投入生产、使用,或者建设的污染防治配套设施未正常运行的,由县级以上人民政府环境保护主管部门责令停止生产或者使用,可以处 10 万元以下的罚款。

第四十条　违反本条例规定,有下列行为之一的,由县级以上地方人民政府环境保护主管部门责令停止违法行为,限期采取治理措施消除污染,依照《中华人民共和国水污染防治法》《中华人民共和国固体废物污染环境防治法》的有关规定予以处罚:

(一)将畜禽养殖废弃物用作肥料,超出土地消纳能力,造成环境污染的;

(二)从事畜禽养殖活动或者畜禽养殖废弃物处理活动,未采取有效措施,导致畜禽养殖废弃物渗出、泄漏的。

第四十一条　排放畜禽养殖废弃物不符合国家或者地方规定的污染物排放标准或者总量控制指标,或者未经无害化处理直接向环境排放畜禽养殖废弃物的,由县级以上地方人民政府环境保护主管部门责令限期治理,可以处 5 万元以下的罚款。县级以上地方人民政府环境保护主管部门作出限期治理决定后,应当会同同级人民政府农牧等有关部门对整改措施的落实情况及时进行核查,并向社会公布核查结果。

第四十二条　未按照规定对染疫畜禽和病害畜禽养殖废弃物进行无害化处理的,由动物卫生监督机构责令无害化处理,所需处理费用由违法行为人承担,可以处 3 000 元以下的罚款。

第六章　附　则

第四十三条　畜禽养殖场、养殖小区的具体规模标准由省级人民政府确定,并报国务院环境保护主管部门和国务院农牧主管部门备案。

第四十四条　本条例自 2014 年 1 月 1 日起施行。

附录2　畜禽养殖业污染防治技术政策
（环发〔2010〕151号）

一、总则

（一）为防治畜禽养殖业的环境污染,保护生态环境,促进畜禽养殖污染防治技术进步,根据《中华人民共和国环境保护法》《中华人民共和国水污染防治法》《中华人民共和国固体废物污染防治法》《中华人民共和国大气污染防治法》《中华人民共和国畜牧法》等相关法律,制定本技术政策。

（二）本技术政策适用于中华人民共和国境内畜禽养殖业防治环境污染,可作为编制畜禽养殖污染防治规划、环境影响评价报告和最佳可行技术指南、工程技术规范及相关标准等的依据,指导畜禽养殖污染防治技术的开发、推广和应用。

（三）畜禽养殖污染防治应遵循发展循环经济、低碳经济、生态农业与资源化综合利用的总体发展战略,促进畜禽养殖业向集约化、规模化发展,重视畜禽养殖的温室气体减排,逐步提高畜禽养殖污染防治技术水平,因地制宜地开展综合整治。

（四）畜禽养殖污染防治应贯彻"预防为主、防治结合,经济性和实用性相结合,管理措施和技术措施相结合,有效利用和全面处理相结合"的技术方针,实行"源头削减、清洁生产、资源化综合利用、防止二次污染"的技术路线。

（五）畜禽养殖污染防治应遵循以下技术原则。

1. 全面规划、合理布局,贯彻执行当地人民政府颁布的畜禽养殖区划,严格遵守"禁养区"和"限养区"的规定,已有的畜禽养殖场(小区)应限期搬迁;结合当地城乡总体规划、环境保护规划和畜牧业发展规划,做好畜禽养殖污染防治规划,优化规模化畜禽养殖场(小区)及其污染防治设施的布局,避开饮用水水源地等环境敏感区域。

2. 发展清洁养殖,重视圈舍结构、粪污清理、饲料配比等环节的环境保护要求;注重在养殖过程中降低资源耗损和污染负荷,实现源头减排;提高末端治理效率,实现稳定达标排放和"近零排放"。

3. 鼓励畜禽养殖规模化和粪污利用大型化和专业化,发展适合不同养殖规模和养殖形式的畜禽养殖废弃物无害化处理模式和资源化综合利用模式,污染防治措施应优先考虑资源化综合利用。

4. 种、养结合,发展生态农业,充分考虑农田土壤消纳能力和区域环境容量要求,确保畜禽养殖废弃物有效还田利用,防止二次污染。

5. 严格环境监管,强化畜禽养殖项目建设的环境影响评价、"三同时"、环保验收、日常执法监督和例行监测等环境管理环节,完善设施建设与运行管理体系;强化农田土壤的环境安全,防止以"农田利用"为名变相排放污染物。

二、清洁养殖与废弃物收集

（一）畜禽养殖应严格执行有关国家标准,切实控制饲料组分中重金属、抗生素、生长激素等物质的添加量,保障畜禽养殖废弃物资源化综合利用的环境安全。

（二）规模化畜禽养殖场排放的粪污应实行固液分离，粪便应与废水分开处理和处置；应逐步推行干清粪方式，最大限度地减少废水的产生和排放，降低废水的污染负荷。

（三）畜禽养殖宜推广可吸附粪污、利于干式清理和综合利用的畜禽养殖废弃物收集技术，因地制宜地利用农业废弃物（如麦壳、稻壳、谷糠、秸秆、锯末、灰土等）作为圈、舍垫料，或采用符合动物防疫要求的生物发酵床垫料。

（四）不适合敷设垫料的畜禽养殖圈、舍，宜采用漏缝地板和粪尿分离排放的圈舍结构，以利于畜禽粪污的固液分离与干式清除。尚无法实现干清粪的畜禽养殖圈、舍，宜采用旋转筛网对粪污进行预处理。

（五）畜禽粪便、垫料等畜禽养殖废弃物应定期清运，外运畜禽养殖废弃物的贮存、运输器具应采取可靠的密闭、防泄漏等卫生、环保措施；临时贮存畜禽养殖废弃物，应设置专用堆场，周边应设置围挡，具有可靠的防渗、防漏、防冲刷、防流失等功能。

三、废弃物无害化处理与综合利用

（一）应根据养殖种类、养殖规模、粪污收集方式、当地的自然地理环境条件以及废水排放去向等因素，确定畜禽养殖废弃物无害化处理与资源化综合利用模式，并择优选用低成本的处理处置技术。

（二）鼓励发展专业化集中式畜禽养殖废弃物无害化处理模式，实现畜禽养殖废弃物的社会化集中处理与规模化利用。鼓励畜禽养殖废弃物的能源化利用和肥料化利用。

（三）大型规模化畜禽养殖场和集中式畜禽养殖废弃物处理处置工厂宜采用"厌氧发酵—（发酵后固体物）好氧堆肥工艺"和"高温好氧堆肥工艺"回收沼气能源或生产高肥效、高附加值复合有机肥。

（四）厌氧发酵产生的沼气应进行收集，并根据利用途径进行脱水、脱硫、脱碳等净化处理。沼气宜作为燃料直接利用，达到一定规模的可发展瓶装燃气，有条件的应采取发电方式间接利用，并优先满足养殖场内及场区周边区域的用电需要。沼气产生量达到足够规模的，应优先采取热电联供方式进行沼气发电并并入电网。

（五）厌氧发酵产生的底物宜采取压榨、过滤等方式进行固液分离，沼渣和沼液应进一步加工成复合有机肥进行利用。或按照种养结合要求，充分利用规模化畜禽养殖场（小区）周边的农田、山林、草场和果园，就地消纳沼液、沼渣。

（六）中小型规模化畜禽养殖场（小区）宜采用相对集中的方式处理畜禽养殖废弃物。宜采用"高温好氧堆肥工艺"或"生物发酵工艺"生产有机肥，或采用"厌氧发酵工艺"生产沼气，并做到产用平衡。

（七）畜禽尸体应按照有关卫生防疫规定单独进行妥善处置。染疫畜禽及其排泄物、染疫畜禽产品，病死或者死因不明的畜禽尸体等污染物，应就地进行无害化处理。

四、畜禽养殖废水处理

（一）规模化畜禽养殖场（小区）应建立完备的排水设施并保持畅通，其废水收集输送系统不得采取明沟布设；排水系统应实行雨污分流制。

（二）布局集中的规模化畜禽养殖场（小区）和畜禽散养密集区宜采取废水集中处理模

式,布局分散的规模化畜禽养殖场(小区)宜单独进行就地处理。鼓励废水回用于场区园林绿化和周边农田灌溉。

(三)应根据畜禽养殖场的清粪方式、废水水质、排放去向、外排水应达到的环境要求等因素,选择适宜的畜禽养殖废水处理工艺;处理后的水质应符合相应的环境标准,回用于农田灌溉的水质应达到农田灌溉水质标准。

(四)规模化畜禽养殖场(小区)产生的废水应进行固液分离预处理,采用脱氮除磷效率高的"厌氧＋兼氧"生物处理工艺进行达标处理,并应进行杀菌消毒处理。

五、畜禽养殖空气污染防治

(一)规模化畜禽养殖场(小区)应加强恶臭气体净化处理并覆盖所有恶臭发生源,排放的气体应符合国家或地方恶臭污染物排放标准。

(二)专业化集中式畜禽养殖废弃物无害化处理工厂产生的恶臭气体,宜采用生物吸附和生物过滤等除臭技术进行集中处理。

(三)大型规模化畜禽养殖场应针对畜禽养殖废弃物处理与利用过程的关键环节,采取场所密闭、喷洒除臭剂等措施,减少恶臭气体扩散,降低恶臭气体对场区空气质量和周边居民生活的影响。

(四)中小型规模化畜禽养殖场(小区)宜通过科学选址、合理布局、加强圈舍通风、建设绿化隔离带、及时清理畜禽养殖废弃物等手段,减少恶臭气体的污染。

六、畜禽养殖二次污染防治

(一)应高度重视畜禽养殖废弃物还田利用过程中潜在的二次污染防治,满足当地面源污染控制的环境保护要求。

(二)通过测试农田土壤肥效,根据农田土壤、作物生长所需的养分量和环境容量,科学确定畜禽养殖废弃物的还田利用量,有效利用沼液、沼渣和有机肥,合理施肥,预防面源污染。

(三)加强畜禽养殖废水中含有的重金属、抗生素和生长激素等环境污染物的处理,严格达标排放。

废水处理产生的污泥宜采用有效技术进行无害化处理。

(四)畜禽养殖废弃物作为有机肥进行农田利用时,其重金属含量应符合相关标准;养殖场垫料应妥善处置。

七、鼓励开发应用的新技术

(一)国家鼓励开发、应用以下畜禽养殖废弃物无害化处理与资源化综合利用技术与装备:

1.高品质、高肥效复合有机肥制造技术和成套装备;

2.畜禽养殖废弃物的预处理新技术;

3.快速厌氧发酵工艺和高效生物菌种;

4.沼气净化、提纯和压缩等燃料化利用技术与设备。

(二)国家鼓励开发、应用以下畜禽养殖废水处理技术与装备:

1. 高效、低成本的畜禽养殖废水脱氮除磷处理技术；

2. 畜禽养殖废水回用处理技术与成套装备。

（三）国家鼓励开发、应用以下清洁养殖技术与装备：

1. 适合干式清粪操作的废弃物清理机械和新型圈舍；

2. 符合生物安全的畜禽养殖技术及微生物菌剂。

八、设施的建设、运行和监督管理

（一）规模化畜禽养殖场（小区）应设置规范化排污口，并建设污染治理设施，有关工程的设计、施工、验收及运营应符合相关工程技术规范的规定。

（二）国家鼓励实行社会化环境污染治理的专业化运营服务。畜禽养殖经营者可将畜禽养殖废弃物委托给具有环境污染治理设施运营资质的单位进行处置。

（三）畜禽养殖场（小区）应建立健全污染治理设施运行管理制度和操作规程，配备专职运行管理人员和检测手段；对操作人员应加强专业技术培训，实行考试合格持证上岗。

附录 3　规模化奶牛场粪污处理技术规范

Technical Specification of Excrement and Sewage Treatment in Large-scale Dairy Farm

ICS 65.020.30 B 43 DB12 天津市地方标准

DB12/T 592—2015

2015-09-18 发布

2015-11-01 实施

天津市市场和质量监督管理委员会发布

目　次

前　言

本标准依据 GB/T 1.1 给出的规则起草。

本标准由天津市畜牧兽医局提出。

本标准起草单位:原农业部环境保护科研监测所。

本标准起草人:张克强、赵润、杨鹏、高文萱、孟庆江、王鸿英、王洪宇、王永颖。

1 范围

本标准规定了天津市规模化奶牛场粪污处理的术语和定义、一般性要求、粪污收集与贮存、模式选择、粪便处理、污水处理及运行与维护。

本标准适用于天津市新建、改建和扩建的规模化奶牛场粪污处理的规划、设计、建设与管理。

2 规范性引用文件

下列文件对于本文件的应用必不可少。凡是注日期的引用文件,仅所注日期的版本适用于本文件。凡是不注日期的引用文件,其最新版本(包括所有的修改单)适用于本文件。

GB 5084—2005	《农田灌溉水质标准》
GB 12801—2008	《生产过程安全卫生要求总则》
GB/T 26624—2011	《畜禽养殖污水贮存设施设计要求》
CJJ/T 54—1993	《污水稳定塘设计规范》
CECS 97—1997	《鼓风曝气系统设计规程》
HJ 497—2009	《畜禽养殖业污染治理工程技术规范》
NY 525—2012	《有机肥料》
NY 884—2012	《生物有机肥》
NY/T 1220.1—2006	《沼气工程技术规范 第 1 部分:工艺设计》
NY/T 1222—2006	《规模化畜禽养殖场沼气工程设计规范》
NY/T 1935—2010	《食用菌栽培基质质量安全要求》
NY/T 2375—2013	《食用菌生产技术规范》。

3 术语和定义

下列术语和定义适用于本标准。

3.1 堆粪棚 Shed of excrement heaping

具有防渗地面、围墙和防雨顶棚,并配套粪污渗滤液收储功能的固体粪污存放设施。

3.2 混灌池 Mixed pouring tank

用于配水稀释的收储设施。

4 一般性要求

4.1 奶牛场宜进行雨污分流,清粪方式宜采用干清粪,粪污实现固液分离。

4.2 粪污应进行肥料化、能源化、基质化处理和综合利用,实现种养结合。

4.3 回垫牛床用的粪便,应经过固液分离和杀菌处理。

4.4 严格控制挤奶厅、待挤间和牛舍喷淋用水,减少污水总量。

4.5 粪污处理区独立于办公、生活、生产功能区,设在常年主导风的下风向或侧风向处。

5 粪污收集与贮存

5.1 粪污收集

5.1.1 采用防渗漏的集污暗渠(管)收集污水:渠宽、渠深、暗管的直径均不小于 0.3 m。

5.1.2 堆粪棚粪污渗滤液集污暗渠(管):渠宽、渠深、暗管的直径均不小于 0.2 m。

5.1.3 符合 HJ 497—2009 第 6.1.1 条的规定。

5.2 粪污贮存

5.2.1　堆粪棚应做到防雨和防渗漏,贮存能力应达到日产粪量的 30 倍以上,围墙高度不低于 0.8 m,地面标高应大于场区最大降雨水位线高度,具有顶棚,保证通风。

5.2.2　混灌池配套还田用防腐输水管或吸污车。

5.2.3　符合 HJ 497—2009 第 6.1.2 条的规定。

6　模式选择

根据不同的场区类型、养殖规模和清粪方式,选择如下粪污处理模式。

6.1　模式 I:小区型 50~500 头(含)干清粪方式奶牛场,粪污处理工艺流程见图 1。

6.1.1　格栅池、污水贮存池、混灌池的池体采用全钢砼材质,防渗漏,配备防雨顶盖,保证通气,配排泥系统。

6.1.2　污水贮存池有效容积应满足污水滞留时间不少于 30 d,池深不低于 3 m,分 3 格及以上,并装配微生物填料。

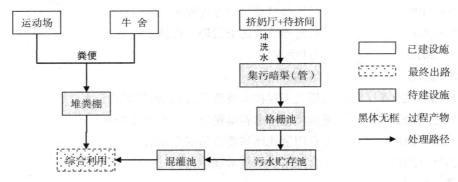

图 1　小区型 50~500 头(含)干清粪方式奶牛场粪污处理流程

6.2　模式 II:小区型(500 头以上)干清粪方式奶牛场,粪污处理工艺流程见图 2。

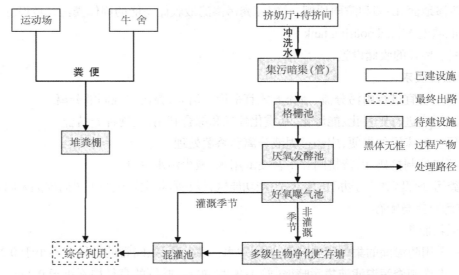

图 2　小区型(500 头以上)干清粪方式奶牛场粪污处理工艺流程

6.2.1　格栅池、厌氧发酵池、好氧曝气池、混灌池的池体均采用全钢砼材质,防渗漏,配备防雨顶盖,保证通气,配排泥系统。

6.2.2　厌氧发酵池有效容积应满足污水滞留时间不少于30 d,池深不低于3 m,分3格及以上,并装配微生物填料。

6.2.3　除利用植物净化用的末端塘体外,多级生物净化贮存塘塘体均应防渗漏,容积达到日产污水量的60倍以上,配排泥系统。

6.3　模式Ⅲ:牧场型50~500头(含)干清粪方式奶牛场,粪污处理工艺流程见图3。

6.3.1　格栅池、厌氧发酵池、污水贮存池、混灌池的池体均采用全钢砼材质,防渗漏,配备防雨顶盖,保证通气,配排泥系统。

6.3.2　厌氧发酵池同6.2.2。

6.3.3　污水贮存池同6.1.2。

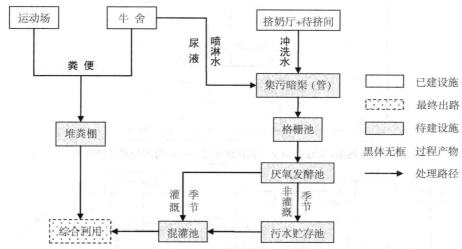

图3　牧场型50~500头(含)干清粪方式奶牛场粪污处理工艺流程

6.4　模式Ⅳ:牧场型(500头以上)干清粪方式奶牛场,粪污处理工艺流程见图4。

6.4.1　调节池、暂存池、污水贮存池、混灌池的池体均采用全钢砼材质,防渗漏,配备防雨顶盖,保证通气,配排泥系统。

6.4.2　厌氧反应器有效容积应达到日产污水量的15倍以上,配套沼气收集、贮存和净化系统。

6.4.3　多级生物净化贮存塘同6.2.3。

6.5　模式Ⅴ:牧场型(500头以上)循环水冲粪方式奶牛场,粪污处理工艺流程见图5。

6.5.1　同6.4.1。

6.5.2　同6.4.2。

6.5.3　多级生物净化贮存塘容积应达到日产污水量的100倍以上,出水总固形物(TS)含量控制在2%以下,宜作为回冲用水冲洗集污暗渠,其他要求同6.2.3。

6.5.4　粪污经水冲粪循环系统收集至匀浆池混合搅拌,用固液分离机进行干湿分离后的固体粪渣含水率控制在60%以下。

6.5.5　晾晒后用于牛床垫料的粪渣含水率控制在30%以下。

规模畜禽养殖粪污资源化利用技术——以天津市为例

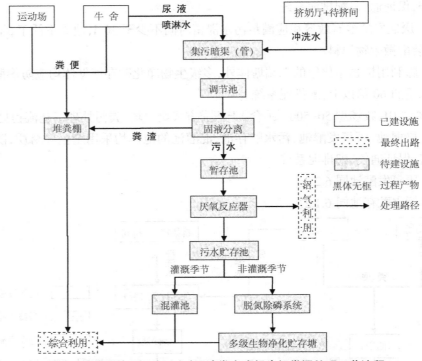

图 4　牧场型(500 头以上)干清粪方式奶牛场粪污处理工艺流程

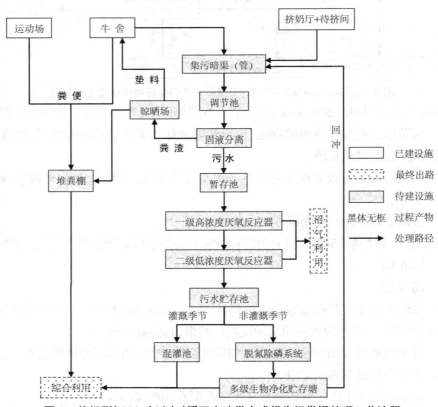

图 5　牧场型(500 头以上)循环水冲粪方式奶牛场粪污处理工艺流程

7　粪便处理

7.1　堆沤制腐熟肥。

堆沤制腐熟肥的一般规定、制作工艺及肥料品质应满足 HJ 497—2009 中 8.1 和 8.2 的要求。

7.2　加工有机肥。

应满足 NY 525—2012 和 NY 884—2012 中的要求。

7.3　做蕈菌栽培基质。

制作蕈菌栽培基质应满足 NY/T 1935—2010 和 NY/T 2375—2013 中的要求。

7.4　制牛床垫料。

7.4.1　将分离的粪渣送至晾晒场,堆放高度约为 0.2 m。

7.4.2　干粪渣做牛床垫料的用量一般为(9~10)千克/(天·头),视情况每周添加 1~2 次,每天平整维护一次。

8　污水处理

8.1　格栅池

8.1.1　用于过滤大块污泥、草芥和奶牛毛发等固形物质。

8.1.2　污水量大时,采用机械格栅,栅渣及时运至堆粪棚等场所无害化处理。

8.1.3　池体建造符合 HJ 497—2009 中第 7.1.2 条规定和 NY/T 1222—2006 中第 7.3 条规定。

8.2　调节池

8.2.1　安装自动搅拌装置,定期进行机械搅拌,将固液混合物均质化。

8.2.2　调节池后连接固液分离机,分离前将物料的 TS 浓度控制在 6%~10% 之间。

8.2.3　建造技术要点符合 NY/T 1222—2006 中第 7.4 条规定。

8.3　暂存池

8.3.1　用于暂存污水的设施。

8.3.2　建造技术要点参照 GB/T 26624—2011 中第 5 章的规定。

8.4　厌氧反应器

根据发酵原料特性和本单元拟达到的处理目标选择适合的厌氧反应器。反应器的选择和容积设计参照 NY/T 1220.1—2006 中第 8 章规定执行。

8.5　好氧曝气池

池体设计符合 CECS 97—1997 的规定。

8.6　脱氮除磷系统

用于厌氧消化后进一步处理高浓度氮磷。

8.7　混灌池

农田灌溉前,混灌池中出水浓度应达到 GB 5084—2005 中规定的灌溉标准。

8.8　多级生物净化贮存塘

8.8.1　由厌氧塘、兼性塘、好氧塘、水生植物塘等组成。

8.8.2　用于对厌氧处理后污水的深度净化,兼具贮存功能的综合处理塘。

8.8.3　塘体设计符合 GJJ/T 54—1993 规定。

9　运行与维护

9.1　运行管理

9.1.1　对运行管理人员和操作人员的基本要求按照 HJ 497—2009 中第 13.1 条执行。

9.1.2　设施周围应设置明显的标志以及围栏等防护设施。

9.2　维护保养

9.2.1　应对构筑物的结构及各种闸阀、护栏、爬梯、管道、支架和盖板等定期检查维护。

9.2.2　构筑物之间的连接管道、检查井等应经常清理,保持畅通。

9.2.3　建、构筑物避雷和防爆装置的测试、维修周期应符合电业和消防部门的规定。

9.3　安全操作

粪污处理工程应根据 GB 12801—2008 的要求,结合生产特点制定相应的安全防护措施和安全操作规程。

附录4　规模化鸡场粪污处理技术规范

Technical Specification of Manure and Sewage Treatment in Large-scale Poultry Farm

ICS 65.020.30　B 43　DB12　天津市地方标准

DB 12/T 593—2015

2015-09-18 发布

2015-11-01 实施

天津市市场和质量监督管理委员会发布

目　次

前　言

本标准依据 GB/T 1.1 给出的规则起草。

本标准由天津市畜牧兽医局提出。

本标准起草单位:原农业部环境保护科研监测所。

本标准起草人:张克强、翟中葳、杨鹏、沈丰菊、王鸿英、张立新、张永伟、耿直。

本标准为推荐性标准。

1 范围

本标准规定了规模化鸡场粪污处理技术术语和定义、一般性要求、粪污收集与贮存、模式选择、污水处理、粪便处理、运行与维护。

本标准适用于天津市新建、改建和扩建的规模化鸡场粪污处理的规划、设计、建设与管理。

2 规范性引用文件

下列文件对于本文件的应用必不可少。凡是注日期的引用文件,仅所注日期的版本适用于本文件。凡是不注日期的引用文件,其最新版本(包括所有的修改单)适用于本文件。

GB 7959—2012 　　　　《粪便无害化卫生标准》
GB/T 12801—2008 　　《生产过程安全卫生要求总则》
GB/T 25246—2010 　　《畜禽粪便还田技术规范》
GB 50014—2006 　　　《室外排水设计规范》
CJJ 64—1995 　　　　《城市粪便处理厂(场)设计规范》
HJ 497—2009 　　　　《畜禽养殖业污染治理工程技术规范》
NY 525—2011 　　　　《有机肥料》
NY 884—2012 　　　　《生物有机肥》
NY/T 1169—2006 　　　《畜禽场环境污染控制技术规范》

3 术语和定义

下列术语和定义适用于本标准。

3.1 堆粪棚 Shed of manure heaping

具有防渗地面、围墙和防雨顶棚,并配套粪污渗滤液收储功能的固体粪污存放设施。

3.2 湿粪池 Storage tank of damp excrement over

用于存放和晾干不能成形湿粪的贮存设施。

4 一般性要求

4.1 场区建设时要实现雨污分流、脏净道分离。

4.2 设施间管道汇集点应设检查井。

4.3 粪污处理应从源头控制,通过改善鸡舍结构和通风供暖工艺、调整饲料配方、改进清粪工艺等措施减少养殖场对环境的污染。

4.4 粪污经无害化处理后再进行农业利用,卫生学指标应符合 GB 7959—2012 的有关规定。

4.5 无害化处理后进行还田综合利用的粪肥用量应符合 GB/T 25246—2010 的有关规定。

4.6 应严格控制换舍污水,减少污水总量。

5 粪污收集与贮存

5.1 粪污收集

5.1.1 暂存池应做到防雨和防渗漏,地面标高应大于场区最大降雨水位线高度,具有顶棚,保证通风。

5.1.2　粪污收集应符合 HJ 497—2009 第 6.1.1 条的规定。

5.2　粪污贮存

5.2.1　堆粪棚应做到防雨和防渗漏,贮存量应以一年中周转间隔的最大值作为设计依据,围墙高度不低于 0.8 m,地面标高应大于场区最大降雨水位线高度,具有顶棚,保证通风。

5.2.2　湿粪池应做到防雨和防渗漏,地面标高应大于场区最大降雨水位线高度,具有顶棚,保证通风。

5.2.3　粪污贮存应符合 HJ 497—2009 第 6.1.2 条的规定。

6　模式选择

根据鸡场养殖种类、养殖规模,选择如下粪污处理模式。

6.1　模式一

基本工艺流程见图 1。

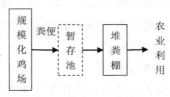

图 1　模式一工艺流程

6.1.1　适用于无转舍污水的小型规模化鸡场。

6.1.2　粪便应建立堆粪棚作为存放场所。粪便直接售卖或经堆沤后农业利用。

6.2　模式二

基本工艺流程见图 2。

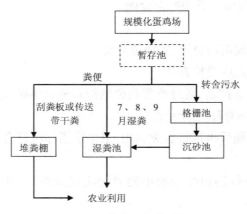

图 2　模式二工艺流程

6.2.1　适用于无温控设备的规模化蛋鸡场。

6.2.2　应配套防腐输水管或吸污车进行农业利用。

6.2.3　湿粪池贮存量应依据年湿粪产量和转舍污水量,取最大值作为设计依据。

6.3　模式三

基本工艺流程见图 3。

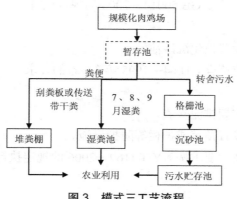

图 3　模式三工艺流程

6.3.1　模式三工艺适用于无温控设备的规模化肉鸡场。

6.3.2　同 6.2.2。

6.3.3　湿粪池贮存量应以年湿粪产量作为设计依据。

6.3.4　污水贮存池的有效容积不小于单次换舍污水量的 3 倍。

6.4　模式四

基本工艺流程见图 4。

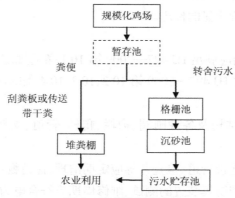

图 4　模式四工艺流程

6.4.1　模式四工艺适用于有温控设备的规模化鸡场。

6.4.2　同 6.2.2。

6.4.3　蛋鸡场、肉鸡场的污水贮存池有效容积分别不小于单次换舍污水量的 1 倍、3 倍。

7　污水处理

7.1　格栅池

7.1.1　污水进入沉砂池前宜设置格栅池。

7.1.2　当污水量较大时,宜采用机械格栅,栅渣应及时运至粪便堆肥场或其他无害化场所进行处理。

7.1.3　格栅池的技术要求按 GB 50014—2006 的规定执行。

7.2　沉砂池

7.2.1　规模化鸡场应设置强化沉砂池。

7.2.2　沉砂池的设计应符合 CJJ 64—1995 第 3.3 条的要求。

7.3　污水贮存池

7.3.1　污水贮存池应定期排泥除渣。

7.3.2　污水贮存池应设置顶盖或护栏等防护设施。

7.3.3　污水贮存池的技术要求按 NY/T 1169—2006 的规定执行。

8　粪便处理

8.1　堆沤制腐熟肥

堆沤制腐熟肥的一般规定、制作工艺及肥料品质应符合 HJ 497—2009 中 8.1 和 8.2 的要求。

8.2　加工有机肥

应符合 NY 525—2011 和 NY 884—2012 中的要求。

9　运行与维护

9.1　运行管理

9.1.1　对运行管理人员和操作人员的基本要求按照 HJ 497—2009 第 13.1 条执行。

9.1.2　设施周围应设置明显的标志。

9.1.3　恶臭控制

9.1.3.1　鸡场恶臭控制应满足 HJ 497—2009 第 10.1 条的规定。

9.1.3.2　除臭方法参见 HJ 497—2009 第 10.2、10.3、10.4 条的规定。

9.2　维护保养

9.2.1　应对构筑物的结构及各种闸阀、护栏、爬梯、管道、支架和盖板等定期进行检查维护。

9.2.2　构筑物之间的连接管道、检查井等应定期清理,保持畅通。

9.2.3　建构筑物避雷和防爆装置的测试、维修周期应符合电力和消防部门的规定。

9.3　安全操作

粪污处理工程应根据 GB/T 12801—2008 的要求,结合生产特点制定相应的安全防护措施和安全操作规程。

附录 A（资料性附录）　规模化鸡场污水量及堆粪棚、湿粪池相应参数的确定

A.1　规模化鸡场污水量的确定

A.1.1　规模化鸡场污水具有阶段性强、瞬时水量较大、污染物复杂、污水浓度变化大等特点,在计算各处理设施容积时,应参考式(A.1)计算。

$$V=Q \cdot D \cdot N \tag{A.1}$$

式中：V——规模化鸡场年产生总污水量，m³/a；

　　Q——鸡场日污水量，m³/d；

　　N——年换舍次数，次/年；

　　D——每次冲洗天数，天/次。

A.2　堆粪棚、湿粪池相应参数的确定

A.2.1　堆粪棚计算

A.2.1.1　堆粪棚容积应按式（A.2）计算：

$$V=W \cdot D \tag{A.2}$$

式中：V——堆粪棚容积，m³；

　　W——规模化鸡场日产粪便量，m³/d；

　　D——粪便堆放天数，d。

A.2.1.2　堆粪棚面积应按式（A.3）计算：

$$S=V/H \tag{A.3}$$

式中：S——堆粪棚占地面积，m³；

　　V——堆粪棚容积，m³；

　　H——粪便最大堆放高度，m。

A.2.2　湿粪池计算

A.2.2.1　湿粪池容积应按式（A.4）计算：

$$V=W \cdot T \tag{A.4}$$

式中：V——湿粪池容积，m³；

　　W——规模化鸡场日产粪便量，m³/d；

　　T——单批粪便晾晒时间，d。

A.2.2.2　湿粪池面积应按式（A.5）计算：

$$S=V/h \tag{A.5}$$

式中：S——湿粪池占地面积，m²；

　　V——湿粪池容积，m³；

　　h——湿粪最大贮存高度，m。

附录 5　奶牛舍粪水贮运设施技术要求

Technical Requirement of Slurry Storage and Transport in Dairy Barn

ICS 65.020.30　B 43　DB12　天津市地方标准

DB12/T 896—2019

2019-07-16 发布

2019-08-15 实施

天津市市场监督管理委员会发布

前　言

本标准按照 GB/T 1.1—2009 给出的规则起草。

本标准由天津市农业农村委员会提出并归口。

本标准起草单位:农业农村部环境保护科研监测所、天津市奶业发展服务中心、天津市畜牧兽医研究所。

本标准主要起草人:赵润、张克强、王永颖、张蕾、马毅、翟中葳、李佳佳。

1　范围

本标准规定了规模化奶牛场舍区粪水贮运设施的技术要求和安全管理要求。

本标准适用于年存栏量 ≥ 100 头的规模化奶牛场干清粪工艺舍区粪水贮运设施的设计、施工、操作及管理。

2　规范性引用文件

下列文件对于本文件的应用是必不可少的。凡是注日期的引用文件,仅所注日期的版本适用于本文件。凡是不注日期的引用文件,其最新版本(包括所有的修改单)适用于本文件。

GB/T 26624—2011	《畜禽养殖污水贮存设施设计要求》
GB 50016	《建筑设计防火规范》
GB 50069	《给水排水工程构筑物结构设计规范》
NY/T 1169—2006	《畜禽场环境污染控制技术规范》
NY/T 1567—2007	《标准化奶牛场建设规范》
DB12/T 785—2018	《奶牛舍机械刮板清粪》

3　术语和定义

下列术语和定义适用于本文件。

3.1　集粪渠 Manure sewer

牛舍一端用于汇集、暂存粪水的沟渠。

3.2　集污池 Slurry tank

奶牛场区用于汇集、暂存粪水、污水等的设施。

3.3　检查井 Inspection well

定期观察粪水输运情况的井。

3.4　卧泥井 Mud well

井底布设卧泥槽的检查井,用于收集粪渣和污泥等固形物。

4　粪水贮存设施技术要求

4.1　一般要求

4.1.1　由集粪沟、集粪渠、集污池组成,钢筋混凝土浇筑。

4.1.2　内壁、底面光滑,底角宜为圆弧状,耐腐蚀、防渗漏、防冻胀,具体按照 GB 50069 相关规定执行。

4.1.3　规模化奶牛场采用干清粪工艺的舍区粪水贮运工艺流程参见附录 A。

4.2　集粪沟

4.2.1　应位于牛舍一端或中间,与牛舍长轴垂直。

4.2.2　宜建于舍内。建于舍内的应防止奶牛肢体损伤,建于舍外的应防雨。

4.2.3　做法应符合 DB12/T 785—2018 中第 6 章的规定。

4.3　集粪渠

4.3.1　宜建于舍内,建于舍外的应防雨。

4.3.2　宽度宜为 1.8~2.4 m,深度宜不大于 2 m。

4.3.3　底面纵向坡度按照 NY/T 1169—2006 中 4.2.1 条规定执行。

4.4　集污池

4.4.1　池体为方形或圆形,池深按照 GB/T 26624—2011 中 5.3.4 条规定执行。

4.4.2　池长大于 20 m 时,池底底板和池壁的厚度宜分别不小于 400 mm 和 300 mm;池长 10~20 m,池底底板和池壁的厚度均宜不小于 300 mm;池长小于 10 m 时,池底底板和池壁的厚度宜分别不小于 300 mm 和 250 mm。

4.4.3　长方形池体宜等距离分隔,设置钢筋混凝土隔墙,隔墙厚度宜不小于 150 mm。隔墙上过水孔宜对角设置在上沿 100 mm 处,孔内径宜不大于 200 mm。

4.4.4　每个分隔池池壁内墙上应固定橡胶护套钢筋爬梯。

4.4.5　过水孔中可设置防腐过水管,过水管宜伸至池底近隔墙一侧,与池底距离宜不大于 500 mm。

4.4.6　安装预留进水孔,进水孔底部标高应大于过水孔底部标高,孔径应符合 GB/T 26624—2011 中 6.2 条的要求。进水孔处应防止堵塞。

4.4.7　贮存用集污池,池顶宜罩阳光板或混凝土盖板,预留观察口和排气孔。

4.4.8　应配备匀浆污泥泵,定期清淤。

5　粪水输运设施技术要求

5.1　一般要求

5.1.1　由暗沟、暗管组成,连接集粪沟、集污池、检查井、卧泥井。

5.1.2　内壁、底面光滑,应耐腐蚀、防渗漏、防冻胀,具体按照 GB 50069 相关规定执行。

5.2　暗管

5.2.1　宜采用水泥管或双壁波纹管。

5.2.2　管道长度在 200 m 以内,管道内径宜不小于 300 mm;管道长度大于 200 m,管道内径宜不小于 500 mm。

5.2.3　管道交会处、转弯处、管径或坡度改变处均应设置检查井或卧泥井。每隔 25~30 m 直线管道间隔处应设置卧泥井,25 m 以内直线管道间隔处可设置检查井。

5.2.4　铺设坡度宜不小于 0.5%。

5.3　暗沟

5.3.1　坚固、耐碾压,侧壁及底面应防渗漏,底角宜为圆弧状。

5.3.2　宜加可移动盖板。

6　安全管理要求

6.1　集污池与其他建(构)筑物的防火距离应按照 GB 50016 相关规定执行。

6.2　供配电应按照 NY/T 1567—2007 中第 9 章规定执行,给排水应按照 GB 50069 相关规定执行。

6.3　集污池四周安全防护措施应符合 GB/T 26624—2011 中 6.5 条的规定。

6.4　应定期对贮运设施保养检修,做好记录。

附录A（资料性附录）奶牛舍粪水贮运工艺流程图

奶牛舍粪水贮运工艺流程见图 A.1。

图 A.1　奶牛舍粪水贮运工艺流程

附录 6 奶牛养殖场肥水农田施用 冬小麦

Dairy Farm Slurry Application in Winter Wheat Field

ICS 65.020.30 B 43 DB12 天津市地方标准

DB12/T 787—2018

2018-06-07 发布

2018-07-08 实施

天津市市场和质量监督管理委员会发布

前言

本标准按照 GB/T 1.1 给出的规则起草。

本标准由天津市畜牧兽医局提出并归口。

本标准起草单位：原农业部环境保护科研监测所。

本标准主要起草人：杜会英、张克强、王风、高文萱、赵润、翟中葳、沈仕洲。

1　范围

本标准规定了奶牛养殖场肥水农田施用的术语和定义、施用方式、施用系统、奶牛养殖场肥水水质要求、施用制度和风险控制。

本标准适用于冬小麦农田奶牛养殖场肥水的施用。

2　规范性引用文件

下列文件对于本文件的应用是必不可少的。凡是注日期的引用文件,仅注日期的版本适用于本文件。凡是不注日期的引用文件,其最新版本(包括所有的修改单)适用于本文件。

GB 5084	《农田灌溉水质标准》
GB/T 20203	《农田低压管道输水灌溉工程技术规范》
GB/T 50600	《渠道防渗工程技术规范》
HJ/T 81—2001	《畜禽养殖业污染防治技术规范》
NY/T 206	《华北地区冬小麦公顷产量 4500 至 5250 kg (亩产 300 至 350 kg) 栽培技术规程》

3　术语和定义

3.1　奶牛养殖场肥水 Dairy farm slurry

奶牛场养殖过程中产生的尿液,冲洗牛舍、挤奶厅及待挤厅的水经过 6 个月稳定贮存,达到一定水质标准。

3.2　肥水直接施用 Applying dairy farm slurry directly in winter wheat field

通过配套技术,直接利用奶牛养殖场肥水进行农田施用。

3.3　施用制度 Application scheduling

按照 NY/T 206 的要求,确定冬小麦生育期内奶牛养殖场肥水的施用时期及施用量。

4　施用方式

4.1　输水方式

采用低压管道或防渗渠道。

4.2　灌水方式

以畦灌为宜。

4.3　施用时间间隔

同一地块施用时间间隔不得少于 7 d。

5　施用系统

5.1　布置原则

低压管道或防渗渠道应符合 HJ/T 81—2001 中 6.2.1 的要求。应根据冬小麦的农田地形和位置,经济合理地设置可调配水量的管道或防渗渠道。

5.2　田间施用系统的布置

从贮存池到冬小麦田,宜采用低压输水管道或防渗渠,按 GB/T 20203 和 GB/T 50600 标准技术规范的要求布置。

6　奶牛养殖场肥水水质要求

应符合 GB 5084 的规定,且满足以下要求:总氮质量浓度为 80~150 mg/L、铵态氮质量浓度为 50~100 mg/L、硝态氮质量浓度小于 10 mg/L,总磷质量浓度为 25~35 mg/L。

7　施用制度

7.1　砂质类土壤

肥水不宜在砂质类土壤上施用。

7.2　壤质类土壤

肥水宜在冬小麦越冬期、拔节期或抽穗期施用,施用量应符合 NY/T 206 的要求,每次施用量控制在 600~900 m³/hm²。

7.3　黏质类土壤

宜在冬小麦越冬期或拔节期进行一次肥水施用,施用量按照 NY/T 206 的要求,控制在 600~900 m³/hm²。

8　风险控制

8.1　水质监测

对奶牛养殖场肥水的主要养分进行监测,肥水水质监测应按照 GB 5084 标准进行。

8.2　土壤养分监测

应进行土壤养分的测定,重点对土壤 pH、土壤钠离子和镁离子进行监测。

8.3　冬小麦植株监测

冬小麦收获后应监测籽粒中的重金属等指标。

8.4　注意事项

肥水应选择晴朗天气施用,不宜在雨天和下雨前一天施用,距冬小麦收获期 10 日内严禁施用。

附录 7 奶牛舍刮粪板技术要求

Technical Requirement of Manure Scraper in Dairy Barn

ICS 65.020.30　B 43　DB12　天津市地方标准

DB12/T 897—2019

2019-07-16 发布

2019-08-15 实施

天津市市场监督管理委员会发布

前　言

本标准按照 GB/T 1.1—2009 给出的规则起草。

本标准由天津市农业农村委员会提出并归口。

本标准起草单位：农业农村部环境保护科研监测所、天津市饲草饲料工作站、天津市畜牧兽医研究所。

本标准主要起草人：赵润、张克强、张盛南、张蕾、马毅、杨增军、支苏丽。

1 范围

本标准规定了奶牛舍刮粪板系统的系统构成、技术要求及管理要求。

本标准适用于奶牛舍牵引式刮板清粪系统的设计、施工、操控及管理。

2 规范性引用文件

下列文件对于本文件的应用是必不可少的。凡是注日期的引用文件,仅所注日期的版本适用于本文件。凡是不注日期的引用文件,其最新版本(包括所有的修改单)适用于本文件。

JB/T 10131—2010 《饲养场设备 厩用粪肥刮板输送机》

JB/T 12450—2015 《畜牧机械 清粪系统》

3 术语和定义

下列术语和定义适用于本文件。

3.1 减速机 Speed reducer

调控刮板运行速度的电机。

3.2 驱动轮 Driving gear

通过减速机带动链条或钢丝绳运行的转轮。

3.3 转角轮 Rotation pulley

固定刮粪链条并改变链条方向的滑轮。

3.4 刮粪板 Manure scraper

收集、清运奶牛舍刮粪道上粪水、垫料及饲料残渣的刮板。

3.5 刮净度 Cleaning degree

刮粪板清运后,刮粪道面的洁净程度。

4 系统构成

4.1 由控制单元(电控箱)、驱动单元(减速机、驱动轮)、传动单元(转角轮、链条、钢丝绳)、运行单元(刮粪板)构成。

4.2 刮粪板系统示意图参见附录 A。

5 技术要求

5.1 控制单元

5.1.1 额定电压应为 380 V,具备可调节式定时器和最大电流保险。

5.1.2 能调控刮板运行、停止的时间、速度和频次。

5.1.3 性能、功能应符合 JB/T 12450—2015 中 4.3.1 条的规定。

5.2 驱动单元

5.2.1 驱动轮带动链条或钢丝绳,应匀速运行,无杂音,应耐磨和耐腐蚀。

5.2.2 刮粪道长度分别不大于 60 m 和 120 m 时,刮粪板驱动功率宜分别为 0.75 kW 和 1.5 kW,驱动速率宜为 1.2~4.0 m/min。

5.2.3 工作牵引力应符合 JB/T 12450—2015 中 4.2.1 条的规定。

5.3 传动单元

5.3.1 转角轮厚度宜为 6~10 mm,可朝顺、逆时针两个方向转动,宜自动润滑,外带防护罩,沟槽处应为圆弧状。

5.3.2 链条钢直径宜为 10~15 mm,应耐磨和耐腐蚀。

5.4 运行单元

5.4.1 分为手动和自动模式,应自动识别、监测障碍物,记录故障。

5.4.2 通体应防冻胀、耐腐蚀。

5.4.3 回程离地间隙应符合 JB/T 12450—2015 中 4.2.4 条的规定。

5.4.4 刮净度应符合 JB/T 12450—2015 中 4.2.2 条的规定。

6 管理要求

6.1 总装和安全要求应符合 JB/T 10131—2010 中 4.3 条和 JB/T 12450—2015 中 4.4 条的规定。

6.2 应定期对刮粪板系统保养检修,做好记录。

附录 A(资料性附录)奶牛舍刮粪板系统示意图

奶牛舍刮粪板系统示意见图 A.1。

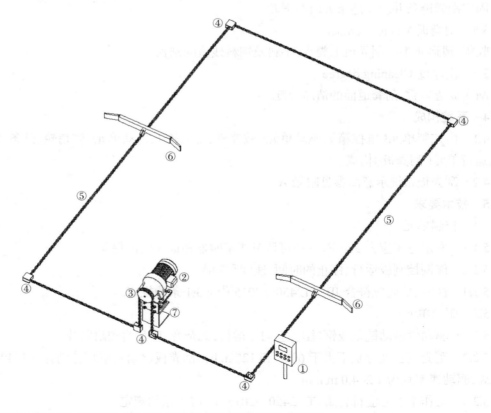

注:①电控箱;②减速机;③驱动轮;④转角轮;⑤链条或钢丝绳;⑥刮粪板;⑦主机台

图 A.1 奶牛舍刮粪板系统示意